山西省高等学校科技创新项目(2020L0613)资助

深入研究基础数学群论——关于有限 p 群的中心商性质探索

李志秀 著

北京航空航天大学出版社

内容简介

本书主要介绍中心商群的研究成果，共分为 14 章，主要内容如下：第 1 章复习了群论的最基本知识；第 2 章介绍了中心商群的研究背景，得到了中心商群的一些有意义的结果；第 3 章对交换群及有限德特肯 p 群能否充当中心商群做了研究；第 4 章运用群的循环扩张理论，得到了亚循环群是中心商群的充要条件；第 5 章利用亚交换群的知识，通过换位子计算的技巧，得到了内交换 p 群是中心商群的充要条件；第 6 章得到了内亚循环群是中心商群的充要条件；第 7 章得到了 p^4 阶的中心商群；第 8 章和第 9 章借助正则 p 群及亚交换群的知识，通过复杂的换位子计算，分别对一些 3 群及极大类的 3 群能否充当中心商群做了研究；第 10 章研究了一些所有的极大子群都同构且幂零类是 2 的群能否充当中心商群；第 11 章研究了一些 p^5 阶群能否充当中心商群，并且对一些 2 群能否充当中心商群也做了一些探索；第 12 章对 $p^5(p\geqslant5)$阶群的中心商性质做了一些研究；第 13 章借助极大类3 群的分类结果，研究了具有交换极大子群的极大类 3 群能否充当中心商；第 14 章研究了一些 M_2 群的中心商.

书中对于中心商群 G，构造出了群 H，使得$H/Z(H)$同构于 G. 此外，通过考察群的结构，利用群自身的特殊性质，对非中心商群给出了否定证明.

本书适合于学习过初等群论的读者.

图书在版编目(CIP)数据

深入研究基础数学群论：关于有限 p 群的中心商性质探索 / 李志秀著. -- 北京 ：北京航空航天大学出版社，2022.2

ISBN 978 - 7 - 5124 - 3698 - 5

Ⅰ. ①深… Ⅱ. ①李… Ⅲ. ①有限群－研究 Ⅳ. ①O152.1

中国版本图书馆 CIP 数据核字(2022)第 002947 号

深入研究基础数学群论——关于有限 p 群的中心商性质探索

李志秀　著

策划编辑　董立娟　　责任编辑　孙兴芳

*

北京航空航天大学出版社出版发行

北京市海淀区学院路 37 号(邮编 100191)　http://www.buaapress.com.cn

发行部电话：(010)82317024　传真：(010)82328026

读者信箱：emsbook@buaacm.com.cn　　邮购电话：(010)82316936

北京富资园科技发展有限公司印装　各地书店经销

*

开本：710×1 000　1/16　印张：7.75　字数：165 千字

2022 年 5 月第 1 版　2022 年 5 月第 1 次印刷

ISBN 978 - 7 - 5124 - 3698 - 5　定价：29.00 元

前　言

素数幂阶的群通常称为有限 p 群，简称为 p 群. 有限 p 群是有限群最基本和最重要的分支之一. 从群论诞生起，特别是从 Sylow 在 1871 年发表了他的著名定理(Sylow 定理)起，p 群就被所有群论学者所关注和研究，并且在这方面取得了重要的成果. 近年来，p 群研究异常活跃.

对某个群的中心商的研究在 p 群的分类问题中起着至关重要的作用，对进一步认识 p 群结构及其他一些相关数学问题都具有重要的理论意义. P. Hall 在研究 p 群分类问题时提出的同倾族方法与群的中心商密切相关. 另外，中心商问题也与覆盖群的 Schur's 理论和射影表示有联系，因而引起人们的重视. 关于中心商问题的研究，P. Hall 在他的 p 群研究的奠基性论文中做了如下评论："一个群 G 需要满足什么条件才能充当另一个群的中心商群这是个有趣的问题，但是，大量的必要条件很容易得到而充分条件却很难得到."对中心商群的研究，自 20 世纪 80 年代开始变得活跃起来，近些年获得了更多的重视.

本书的主要内容是作者近年来整理和系统化的研究成果. 本书共分为 14 章，基本结构如下：第 1 章复习了群论的最基本知识；第 2 章介绍了中心商群的研究背景，得到了中心商群的一些有意义的结果；第 3 章对交换群及有限德特肯 p 群能否充当中心商群做了研究；第 4 章运用群的循环扩张理论，得到了亚循环群是中心商群的充要条件；第 5 章利用亚交换群的知识，通过换位子计算的技巧，得到了内交换 p 群是中心商群的充要条件；第 6 章得到了内亚循环群是中心商群的充要条件；第 7 章得到了 p^4 阶的中心商群；第 8 章和第 9 章借助正则 p 群及亚交换群的知识，通过复杂的换位子计算，分别对一些 3 群及极大类的 3 群能否充当中心商群做了研究；第 10 章研究了一些所有的极大子群都同构且幂零类是 2 的群能否充当中心商群；第 11 章研究了一些 p^5 阶群能否充当中心商群，并且对一些 2 群能否充当中心商群也做了一些探索；第 12 章对 $p^5(p\geqslant 5)$阶群的中心商性质做了一些研究；第 13 章借助极大类3 群的分类结果，研究了具有交换极大子群的极大类 3 群能否充当中心商；第 14 章研究了一些 M_2 群的中心商.

书中对于中心商群 G，构造出了群 H，使得 $H/Z(H)$同构于 G. 此外，通过考察群的结构，利用群自身的特殊性质，对非中心商群给出了否定证明.

由于作者水平有限，书中难免出现一些不妥之处，敬请读者批评指正.

李志秀

2021 年 10 月

目　　录

第 1 章　基本理论

本书中总假设 p 是素数，而 p 群指的是素数幂阶的群. 本章介绍本书中常用到的基本概念和结果.

1.1　基本概念

定义 1.1.1　非空集合 G 称为一个群，如果在 G 中定义了一个二元运算，则称为乘法. 它满足：

(1) 结合律：$(ab)c=a(bc)$，$a,b,c\in G$.

(2) 存在单位元素：存在 $1\in G$，使对任意的 $a\in G$，恒有

$$1a=a1=a$$

(3) 存在逆元素：对任意的 $a\in G$，存在 $a^{-1}\in G$，使得

$$aa^{-1}=a^{-1}a=1$$

群 G 若还满足以下的

(4) 交换律：$ab=ba$，$a,b\in G$，

则称 G 为交换群.

由结合律(1)可以推出，对于任意有限多个元素 $a_1,a_2,\cdots,a_n\in G$，乘积 $a_1a_2\cdots a_n$ 是有意义的. 特别地，可以规定群 G 中元素 a 的整数次方幂如下：设 n 为正整数，则

$$a^n=\underbrace{aa\cdots a}_{n个},\quad a^0=1,\quad a^{-n}=(a^{-1})^n$$

满足

$$a^m a^n=a^{m+n},\quad m,n\text{ 是整数}$$

设 G 是群，H,K 是 G 的子集，规定 H,K 的乘积为

$$HK=\{hk\mid h\in H,k\in K\}$$

由于群中有结合律，有限多个子集的乘积也有意义. 于是对于正整数 n，有

$$H^n=\{h_1h_2\cdots h_n\mid h_i\in H\}$$

还规定

$$H^{-1}=\{h^{-1}\mid h\in H\}$$

又，如果 $K=\{a\}$，仅由一个元素 a 组成，则简记 $HK=H\{a\}=Ha$. 类似地，简记 $\{a\}H=aH$，$M\{a\}H=MaH$，等等.

定义 1.1.2　称群 G 的非空子集 H 为 G 的子群，如果 $H^2\subseteq H$，$H^{-1}\subseteq H$，这时

记作 $H\leq G$.

事实上,易验证如果 H 是 G 的子群,则必有 $H^2=H,H^{-1}=H$,并且 $1\in H$.显然,任何群 G 都有二子群 G 本身和$\{1\}$,子群$\{1\}$叫作 G 的平凡子群.为简便起见,常用 1 来记$\{1\}$.从上下文中很容易看出符号 1 代表的是数 1、单位元素 1 还是子群$\{1\}$.

命题 1.1.1 设 G 是群,$H\subseteq G$,则下列命题等价:

(1) $H\leq G$;

(2) 对任意的 $a,b\in H$,恒有 $ab\in H$ 和 $a^{-1}\in H$;

(3) 对任意的 $a,b\in H$,恒有 $ab^{-1}\in H$(或 $a^{-1}b\in H$).

容易看出,若干个子群的交仍为子群,但一般来说若干个子群的并不是子群.

定义 1.1.3 设 G 是群,$M\subseteq G$(允许 $M=\varnothing$),则称 G 的所有包含 M 的子群的交为由 M 生成的子群,记作$\langle M\rangle$.

容易看出,$\langle M\rangle=\{1,a_1a_2\cdots a_n\mid a_i\in M\cup M^{-1},n=1,2,\cdots\}$.

如果$\langle M\rangle=G$,则称 M 为 G 的一个生成系,或称 G 由 M 生成.仅由一个元素 a 生成的群 $G=\langle a\rangle$叫作循环群.可由有限多个元素生成的群叫作有限生成群.有限群当然都是有限生成群.

群 G 的阶是集合 G 的势,记作$|G|$.对于群 G 中任意元素 a,称$\langle a\rangle$的阶为元素 a 的阶,记作 $o(a)$,即 $o(a)=|\langle a\rangle|$.由此定义,$o(a)$是满足 $a^n=1$ 的最小的正整数 n,而如果这样的正整数 n 不存在,则规定 $o(a)=\infty$.

由两个子群生成的群一般不是这两个子群的乘积,但有下面的定理:

定理 1.1.1 设 G 是群,$H\leq G,K\leq G$,则

$$HK\leq G\Leftrightarrow HK=KH$$

定义 1.1.4 设 $H\leq G,a\in G$.称形如 $aH(Ha)$的子集为 H 的一个左(右)陪集.容易验证 $aH=bH\Leftrightarrow a^{-1}b\in H$.类似地有 $Ha=Hb\Leftrightarrow ab^{-1}\in H$.

由于任二左(右)陪集或相等或不相交,G 可表示成 H 的互不相交的左陪集的并:

$$G=a_1H\cup a_2H\cup\cdots\cup a_nH$$

其中,元素$\{a_1,a_2,\cdots,a_n\}$叫作 H 在 G 中的一个(左)陪集代表系.H 的不同左陪集的个数 n(不一定有限)叫作 H 在 G 中的指数,记作$|G:H|$.

同样的结论对于右陪集也成立,并且 H 在 G 中的左、右陪集个数相等,都是$|G:H|$.

下面的定理对于有限群具有基本的重要性.

定理 1.1.2 (Lagrange)设 G 是有限群,$H\leq G$,则$|G|=|H||G:H|$.

由此定理,在有限群 G 中,子群和元素的阶都是群阶的因子.

称群 G 的元素 a,b(或子群或子集 H,K)在 G 中共轭,如果存在元素 $g\in G$,使 $a^g=b$(或 $H^g=K$).容易验证,(在元素间、子群间或子集间的)共轭关系是等价关系.于是,群 G 的所有元素依共轭关系可分为若干互不相交的等价类(叫作共轭类)

$C_1=\{1\},C_2,\cdots,C_k$，并且

$$G=C_1\cup C_2\cup\cdots\cup C_k$$

由此又有

$$|G|=|C_1|+|C_2|+\cdots+|C_k|$$

叫作 G 的类方程，而 k 叫作 G 的类数. 共轭类 C_i 包含元素的个数 $|C_i|$ 叫作 C_i 的长度.

定义 1.1.5　设 G 是群，H 是 G 的子集，$g\in G$. 若 $H^g=H$，则称元素 g 正规化 H，而称 G 中所有正规化 H 的元素的集合

$$N_G(H)=\{g\in G\mid H^g=H\}$$

为 H 在 G 中的正规化子. 又若元素 g 满足对所有 $h\in H$ 恒有 $h^g=h$，则称元素 g 中心化 H，而称 G 中所有中心化 H 的元素的集合

$$C_G(H)=\{g\in G\mid h^g=h,\forall h\in H\}$$

为 H 在 G 中的中心化子.

规定 $Z(G)=C_G(G)$，并称之为群 G 的中心.

对于任意子集 H，$N_G(H)$ 和 $C_G(H)$ 都是 G 的子群，并且若 $H\leq G$，则 $H\leq N_G(H)$. 如果 H 是单元素集 $\{a\}$，则 $N_G(H)$ 和 $C_G(H)$ 分别记作 $N_G(a)$ 和 $C_G(a)$，这时有 $C_G(a)=N_G(a)$. 与 H 共轭的子群个数是 $|G:N_G(H)|$，而与元素 a 共轭的元素的个数是 $|G:C_G(a)|$.

定义 1.1.6　称群 G 的子群 N 为 G 的正规子群，记作 $N\trianglelefteq G$，如果 $N^g\subseteq N$，则 $\forall g\in G$.

命题 1.1.2　设 G 是群，则下列事项等价：

(1) $N\trianglelefteq G$；

(2) $N^g=N,\forall g\in G$（因此正规子群也叫自共轭子群）；

(3) $N_G(N)=G$；

(4) 若 $n\in N$，则 n 所属的 G 的共轭元素类 $C(n)\subseteq N$，即 N 由 G 的若干整个的共轭类组成；

(5) $Ng=gN,\forall g\in G$；

(6) N 在 G 中的每个左陪集都是一个右陪集.

根据(6)，正规子群 N 的左、右陪集的集合是重合的，因此，对正规子群可只讲陪集，而不区分左右.

显然，交换群的所有子群皆为正规子群. 任一非平凡群 G 都至少有两个正规子群：G 本身和平凡子群 1.

下面设 $N\trianglelefteq G$. 定义 N 的全体陪集的集合 $\overline{G}=\{Ng\mid g\in G\}$ 中的乘法为群子集的乘法，即

$$(Ng)(Nh)=N(gN)h=N(Ng)h=N^2gh=Ngh \tag{1.1}$$

定理 1.1.3　$\overline{G}$ 对式(1.1)封闭，并且成为一个群，叫作 G 对 N 的商群，记作 $\overline{G}=$

G/N.

为了方便,称群 G 的任一子群 H 的商群 H/K 为 G 的一个截段(section),记作 $H/K\leq G$. 如果 $H/K\neq G$,即 $H\neq G$ 和 $K\neq 1$ 二者至少有一个成立,则称 H/K 为 G 的一个真截段,记作 $H/K<G$.

下面复习群同态和群同构的概念.

称映射 $\alpha:G\to G_1$ 为群 G 到 G_1 的一个同态映射,则

$$(ab)^\alpha=a^\alpha b^\alpha,\quad \forall a,b\in G$$

如果 α 是满(单)射,则称为满(单)同态;如果 α 是双射,即一一映射,则称 α 为 G 到 G_1 的同构映射,这时称群 G 和 G_1 同构,记作 $G\cong G_1$.

群 G 到自身的同态及同构具有重要的意义,称之为群 G 的自同态和自同构. 在本书中,以 $\mathrm{End}(G)$表示 G 的全体自同态组成的集合,而以 $\mathrm{Aut}(G)$表示 G 的全体自同构组成的集合. 对于映射的乘法,$\mathrm{End}(G)$组成一个有单位元的半群,而 $\mathrm{Aut}(G)$组成一个群,叫作 G 的自同构群.

设 $\alpha:G\to H$ 是群同态映射,则

$$\mathrm{Ker}\,\alpha=\{g\in G\mid g^\alpha=1\}$$

叫作同态 α 的核,而

$$G^\alpha=\{g^\alpha\mid g\in G\}$$

叫作同态 α 的象集,容易验证 $\mathrm{Ker}\,\alpha\trianglelefteq G$,而 $G^\alpha\leq H$.

下面的定理是基本的.

定理 1.1.4 (同态基本定理)

(1) 设 $N\trianglelefteq G$,则映射 $\nu:g\mapsto Ng$ 是 G 到 G/N 的同态映射,满足 $\mathrm{Ker}\,\nu=N$, $G^\nu=G/N$. 这样的 ν 叫作 G 到 G/N 上的自然同态.

(2) 设 $\alpha:G\to H$ 是同态映射,则 $\mathrm{Ker}\,\alpha\trianglelefteq G$,且 $G^\alpha\cong G/\mathrm{Ker}\,\alpha$.

定理 1.1.5 (第一同构定理) 设 $N\trianglelefteq G$, $M\trianglelefteq G$,且 $N\leq M$,则 $M/N\trianglelefteq G/N$,并且

$$(G/N)/(M/N)\cong G/M$$

定理 1.1.6 (第二同构定理) 设 $H\leq G$, $K\trianglelefteq G$,则 $(H\cap K)\trianglelefteq H$,且 $HK/K\cong H/(H\cap K)$.

设 G 是群,$\mathrm{Aut}(G)$表 G 的自同构群. 对于 $g\in G$,由 $g^{\mathrm{Inn}(g)}=g^{-1}ag$, $\forall a\in G$,规定的映射 $\mathrm{Inn}(g)$: $G\to G$ 是 G 的一个自同构,叫作由 g 诱导出的 G 的内自同构. G 的全体内自同构集合 $\mathrm{Inn}(G)$是 $\mathrm{Aut}(G)$的一个子群,并且映射 σ: $g\mapsto \mathrm{Inn}(g)$是 G 到 $\mathrm{Inn}(G)$的一个满同态,其核为 G 的中心 $Z(G)$. 即有

命题 1.1.3

$$\mathrm{Inn}(G)\cong G/Z(G)$$

命题 1.1.4 (1) 设 $g\in G$, $\alpha\in\mathrm{Aut}(G)$,则 $\alpha^{-1}\mathrm{Inn}(g)\alpha=\mathrm{Inn}(g^\alpha)$;

(2) $\mathrm{Inn}(G)\trianglelefteq\mathrm{Aut}(G)$.

定理 1.1.7 设 $H \leq G$，则 $N_G(H)/C_G(H)$ 同构于 $\mathrm{Aut}(H)$ 的一个子群，记作

$$N_G(H)/C_G(H) \lesssim \mathrm{Aut}(H)$$

证明 设 $g \in N_G(H)$，则 $\mathrm{Inn}(g): h \mapsto h^g$ 是 H 的自同构，显然，$g \mapsto \mathrm{Inn}(g)$ 是 $N_G(H)$ 到 $\mathrm{Aut}(H)$ 内的同态，其核为

$$\begin{aligned} \mathrm{Ker\ Inn} &= \{g \in N_G(H) \mid h^g = h, \forall h \in H\} \\ &= C_{N_G(H)}(H) = C_G(H) \cap N_G(H) \end{aligned}$$

但明显的有 $C_G(H) \leq N_G(H)$，故 $\mathrm{Ker\ Inn} = C_G(H)$. 于是由同态基本定理有

$$N_G(H)/C_G(H) \cong \mathrm{Inn}(N_G(H)) \leq \mathrm{Aut}(H)$$

这个定理虽然简单，却十分有用，人们常简称这个定理为"N/C 定理".

称群 G 是子群 H, K 的直积，如果 $H \trianglelefteq G, K \trianglelefteq G, G = HK$ 并且 $H \cap K = 1$，则映射 $(h,k) \mapsto hk$ 是积集合 $H \times K \to G$ 的同构映射. 这时也记成 $G = H \times K$，即符号与积集合不加区别. 类似地，可规定群 G 是 n 个子群 $G_1, \cdots, G_n$ 的直积的意义. 下面的定理是大家熟悉的.

定理 1.1.8 群 G 是子群 $H_1, \cdots, H_n$ 的直积的充要条件是

(1) $H_i \trianglelefteq G, i = 1, 2, \cdots, n$；

(2) $G = H_1 H_2 \cdots H_n$；

(3) $H_i \cap (H_1 \cdots H_{i-1} H_{i+1} \cdots H_n) = 1, i = 1, \cdots, n$.

称有限多个 p 阶循环群的直积为初等交换 p 群.

由一个元素生成的群叫作循环群.

定理 1.1.9 无限循环群与整数环 $\mathbb{Z}$ 的加法群同构，有限 n 阶循环群与 $\mathbb{Z}_n = \mathbb{Z}/(n)$ 的加法群同构. 由此推得同阶(有限或无限)循环群必互相同构.

以下以 C 表示无限循环群，C_n 表示有限 n 阶循环群.

定理 1.1.10 循环群的子群仍为循环群. 无限循环群 $C = \langle a \rangle$ 的子群除 1 以外都是无限循环群，且对每个正整数 s，对应有一个子群 $\langle a^s \rangle$. 有限 n 阶循环群 $C_n = \langle a \rangle$ 的子群的阶是 n 的因子，且对每个 $m \mid n$，存在唯一的 m 阶子群 $\langle a^{n/m} \rangle$.

循环群的子群都是正规子群.

定理 1.1.11 任一有限交换群 G 均可表示成下列形式：

$$G = \langle a_1 \rangle \times \langle a_2 \rangle \times \cdots \times \langle a_s \rangle$$

其中 $o(a_i) \mid o(a_{i+1}), i = 1, 2, \cdots, s-1$. 并且直因子的个数 s 以及诸直因子的阶是由 G 唯一决定的.

1.2 换位子公式

设 G 为任意群，$a, b \in G$. 规定

$$[a,b] = a^{-1}b^{-1}ab$$

叫作元素 a 和 b 的换位子. 再令

$$G'=\langle [a,b] \mid a,b\in G\rangle$$

称为 G 的换位子群或导群.

下面定义多个元素的简单换位子.

定义 1.2.1 设 G 是群,$a_1,\cdots,a_n\in G$,$n\geqslant 2$.如下递归地定义 $a_1,\cdots,a_n$ 的简单换位子 $[a_1,a_2,\cdots,a_n]$,当 $n=2$ 时,

$$[a_1,a_2]=a_1^{-1}a_2^{-1}a_1a_2$$

而当 $n>2$ 时,

$$[a_1,a_2,\cdots,a_n]=[[a_1,a_2,\cdots,a_{n-1}],a_n]$$

其中诸 a_i 叫作该换位子的项(entry).

定义 1.2.2 设 G 是群,A,B 是 G 的子群,则规定 A,B 的换位子群为

$$[A,B]=\langle [a,b] \mid a\in A,b\in B\rangle$$

若 $A_1,\cdots,A_n$ 都是 G 的子群,$n>2$,同样规定

$$[A_1,\cdots,A_n]=\langle [a_1,\cdots,a_n] \mid a_i\in A_i\rangle$$

下面是常用的换位子公式.

命题 1.2.1 设 G 是群,$a,b,c\in G$,则

(1) $a^b=a[a,b]$;

(2) $[a,b]^c=[a^c,b^c]$;

(3) $[a,b]^{-1}=[b,a]=[a,b^{-1}]^b=[a^{-1},b]^a$;

(4) $[ab,c]=[a,c]^b[b,c]=[a,c][a,c,b][b,c]$;

(5) $[a,bc]=[a,c][a,b]^c=[a,c][a,b][a,b,c]$;

(6) (Witt 公式)$[a,b^{-1},c]^b[b,c^{-1},a]^c[c,a^{-1},b]^a=1$;

(7) $[a,b,c^a][c,a,b^c][b,c,a^b]=1$.

证明 (1)~(3)由定义直接验证.

(4) $[ab,c]=(ab)^{-1}c^{-1}abc=(c^{-1})^{ab}c=(a^{-1}c^{-1}a)^bc^b(c^{-1})^bc=(a^{-1}c^{-1}ac)^b[b,c]=[a,c]^b[b,c]=[a,c][a,c,b][b,c]$.

(5) $[a,bc]=[bc,a]^{-1}=([b,a]^c[c,a])^{-1}=[a,c][a,b]^c=[a,c][a,b][a,b,c]$.

(6) 令 $u=aca^{-1}ba$,轮换 a,b,c 三字母,又令 $v=bab^{-1}cb$,$w=cbc^{-1}ac$,则有

$$\begin{aligned}[a,b^{-1},c]^b&=b^{-1}[a,b^{-1}]^{-1}c^{-1}[a,b^{-1}]cb\\&=b^{-1}ba^{-1}b^{-1}ac^{-1}a^{-1}bab^{-1}cb\\&=(aca^{-1}ba)^{-1}(bab^{-1}cb)=u^{-1}v\end{aligned}$$

同理有

$$[b,c^{-1},a]^c=v^{-1}w,\quad [c,a^{-1},b]^a=w^{-1}u$$

于是

$$[a,b^{-1},c]^b[b,c^{-1},a]^c[c,a^{-1},b]^a=u^{-1}vv^{-1}ww^{-1}u=1$$

(7) 首先有

$$[a,b^{-1},c]^b=[[a,b^{-1}]^b,c^b]=[b,a,c^b]$$

同理又有

$$[b,c^{-1},a]^c=[c,b,a^c],\quad [c,a^{-1},b]^a=[a,c,b^a]$$

于是由 Witt 公式有

$$[b,a,c^b][c,b,a^c][a,c,b^a]=1$$

再互换 a,b 两个字母即得式(7).

命题 1.2.2　设 $A,B\leq G$,则

(1) $[A,B]=[B,A]$;

(2) $[A,B]\trianglelefteq\langle A,B\rangle$;

(3) 若 $A_1\leq A,B_1\leq B$,则 $[A_1,B_1]\leq[A,B]$;

(4) $[A,B]^\mu=[A^\mu,B^\mu]$,其中 $\mu\in\mathrm{End}(G)$;

(5) $[A,B]\leq A\Leftrightarrow B\leq N_G(A)$;

(6) 若 A,B 都是 G 的正规(或特征,或全不变)子群,则 $[A,B]$ 亦然,并且 $[A,B]\leq A\cap B$.

证明　(1) 设 $a\in A,b\in B$. 因为 $[a,b]=[b,a]^{-1}\in[B,A]$,得 $[A,B]\leq[B,A]$. 类似的有 $[B,A]\leq[A,B]$. 于是得 $[A,B]=[B,A]$.

(2) 设 $a,a_1\in A,b,b_1\in B$. 则由命题 1.2.1 中的(4)和(5)两式有

$$[a,b]^{b_1}=[a,b_1]^{-1}[a,bb_1]\in[A,B]$$

$$[a,b]^{a_1}=[aa_1,b][a_1,b]^{-1}\in[A,B]$$

于是得 $[A,B]\trianglelefteq\langle A,B\rangle$.

(3) 显然.

(4) 由 $[a,b]^\mu=[a^\mu,b^\mu]$,$\mu\in\mathrm{End}(G)$,立得结论.

(5) 由 $[a,b]=a^{-1}b^{-1}ab\in A\Leftrightarrow b^{-1}ab\in A$ 立得 $[A,B]\leq A\Leftrightarrow b^{-1}Ab\subseteq A,\forall b\in B\Leftrightarrow B\leq N_G(A)$.

(6) 由(4)立得前一结论;而由(5),因 A,B 正规,即得 $[A,B]\leq A\cap B$.

为了定义幂零群,先定义中心群列.

定义 1.2.3　称群列

$$G=K_1\geq K_2\geq\cdots\geq K_{s+1}=1$$

为 G 的中心群列,如果 $[K_i,G]\leq K_{i+1}$,$i=1,\cdots,s$,则称 s 为这个中心群列的长度. 由命题 1.2.2 中的(5)可知,中心群列的任一项 $K_i\trianglelefteq G$,且 $K_i/K_{i+1}\leq Z(G/K_{i+1})$.

存在中心群列的群叫作幂零群.

定义 1.2.4　设 G 是群.

(1) 称群列

$$1=Z_0(G)\leq Z_1(G)\leq\cdots\leq Z_n(G)\leq\cdots$$

为 G 的上中心群列. 如果对任意的 n,Z_n/Z_{n-1} 是 G/Z_{n-1} 的中心,则称 $Z_n(G)$ 为 G 的 n 次中心.

(2) 称群列

$$G=G_1\geq G_2=G'\geq\cdots\geq G_n\geq\cdots$$

为 G 的下中心群列. 对任意的 $n\geqslant 2$, 规定 $G_n=\underbrace{[G,G,\cdots,G_n]}_{n}$.

命题 1.2.3 设 n 是正整数, 则 $[G_n,G]=G_{n+1}$.

证明 因为 $[g_1,\cdots,g_n,g_{n+1}]=[[g_1,\cdots,g_n],g_{n+1}]$, 所以有 $G_{n+1}\leq[G_n,G]$. 为证明 $[G_n,G]\leq G_{n+1}$, 先证明 $[[g_1,\cdots,g_n]^{-1},g_{n+1}]\in G_{n+1}$. 由命题 1.2.1 中的(3)可得 $[a^{-1},b]=[a,b]^{-a^{-1}}$. 因此,

$$[[g_1,\cdots,g_n]^{-1},g_{n+1}]=[g_1,\cdots,g_n,g_{n+1}]^{-[g_1,\cdots,g_n]^{-1}}\in G_{n+1}$$

由 G_{n+1} 的定义, G_{n+1} 可由 $[c_1c_2\cdots c_s,g_{n+1}]$ 形式的元素生成, 其中 $c_i=[g_1,\cdots,g_n]$ 或 $[g_1,\cdots,g_n]^{-1}$. 对 s 用归纳法证明

$$[c_1c_2\cdots c_s,g_{n+1}]\in G_{n+1}$$

因 $s=1$ 的情形已证, 故设 $s>1$. 由命题 1.2.1 中的(4)可得

$$[c_1c_2\cdots c_s,g_{n+1}]=[c_1c_2\cdots c_{s-1},g_{n+1}]^{c_s}[c_s,g_{n+1}]$$

注意到 $G_{n+1}\trianglelefteq G$, 用归纳假设即得 $[c_1c_2\cdots c_s,g_{n+1}]\in G_{n+1}$. 于是 $G_{n+1}=[G_n,G]$.

命题 1.2.4 设 G 是类 2 群, $x,y,z\in G$, 则

(1) $[xy,z]=[x,z][y,z]$, $[x,yz]=[x,y][x,z]$;

(2) $[x^n,y]=[x,y]^n=[x,y^n]$;

(3) $(xy)^n=x^ny^n[y,x]^{\binom{n}{2}}$.

为了方便叙述下面的命题, 引入下述记号: 设 $N\trianglelefteq G$, 以 $a\equiv b(\mathrm{mod}\ N)$ 表示 a,b 属于 N 的同一陪集, 即 $aN=bN$.

命题 1.2.5 设 G 是任意群, n 是正整数. 又设 $a_1,\cdots,a_i,\cdots,a_n,b_i\in G$, $1\leqslant i\leqslant n$. 则

(1) $[a_1,\cdots,a_ib_i,\cdots,a_n]\equiv[a_1,\cdots,a_i,\cdots,a_n][a_1,\cdots,b_i,\cdots,a_n](\mathrm{mod}\ G_{n+1})$;

(2) $[a_1,\cdots,a_i^{-1},\cdots,a_n]\equiv[a_1,\cdots,a_i,\cdots,a_n]^{-1}(\mathrm{mod}\ G_{n+1})$;

(3) 设 $i_1,i_2,\cdots,i_n$ 是任意整数, 则有

$$[a_1^{i_1},\cdots,a_n^{i_n}]\equiv[a_1,\cdots,a_n]^{i_1\cdots i_n}(\mathrm{mod}\ G_{n+1})$$

证明 (1) 用换位子公式.

(i) 若 $a,b\in G_i$, $d\in G$, 则

$$[ab,d]\equiv[a,d][b,d](\mathrm{mod}\ G_{i+2})$$

(ii) 若 $a,b\in G$, $d\in G_i$, 则

$$[d,ab]\equiv[d,a][d,b](\mathrm{mod}\ G_{i+2})$$

(iii) 若 $a\equiv b(\mathrm{mod}\ G_{i+1})$, $d\in G$, 则

$$[a,d]\equiv[b,d](\mathrm{mod}\ G_{i+2})$$

应用(i)～(iii)，对 n 用归纳法来证明所需的结论，细节略.

(2) 由(1)有

$$\begin{aligned}1&=[a_1,\cdots,a_ia_i^{-1},\cdots,a_n]\\&\equiv[a_1,\cdots,a_i,\cdots,a_n][a_1,\cdots,a_i^{-1},\cdots,a_n](\mathrm{mod}\ G_{n+1})\end{aligned}$$

由此立得所需的结论.

(3) 由(2)可设 $i_1,\cdots,i_n$ 均系正整数. 对 $i_1+\cdots+i_n$ 用归纳法及(1)易得所需的结论.

定理 1.2.1 设 G 是群，$G=\langle M\rangle$，则

(1) $G_n=\langle[x_1,\cdots,x_n]^g \mid x_i\in M,g\in G\rangle$；

(2) $G_n=\langle[x_1,\cdots,x_n],G_{n+1}\mid x_i\in M\rangle$；

特别地，若 $G=\langle a,b\rangle$，则有

(3) $G_2=G'=\langle[a,b]^g\mid g\in G\rangle$；

(4) $G_2=G'=\langle[a,b],G_3\rangle$，于是 G'/G_3 循环.

证明 (1) 显然有 $[x_1,\cdots,x_n]\in G_n$. 若 $n=1$，则有 $G_1=G=\langle M\rangle$，结论成立. 设 $n>1$，对 n 用归纳法，可假设

$$G_{n-1}=\langle[x_1,\cdots,x_{n-1}]^g\mid x_i\in M,g\in G\rangle$$

令

$$H=\langle[x_1,\cdots,x_n]^g\mid x_i\in M,g\in G\rangle$$

显然 $H\trianglelefteq G$. 又因为对任意的 $g\in G$，也有 $G=\langle M^g\rangle$，于是由

$$[[x_1,\cdots,x_{n-1}]^g,x_n{}^g]=[x_1,\cdots,x_n]^g\in H$$

知 G_{n-1} 的任一生成元 $[x_1,\cdots,x_{n-1}]^g$ 与 G 的每个生成元的换位子都在 H 中，于是 $G_n=[G_{n-1},G]\leq H$，而 $H\leq G_n$ 是明显的.

(2) 注意到

$$[x_1,\cdots,x_n]^g=[x_1,\cdots,x_n][x_1,\cdots,x_n,g]$$

由(1)立得(2).

(3) 取 $M=\{a,b\}$，注意到 $[b,a]=[a,b]^{-1}$，由(1)得(3).

(4) 因 $[a,b]^g=[a,b][a,b,g]$，由(3)得(4).

下面介绍亚交换群的换位子公式. 称群 G 为亚交换的，如果 $G''=1$，则导群 G' 是交换群.

命题 1.2.6 设 G 是亚交换群，$x,y,z\in G$.

(1) 如果 $z\in G'$，则 $[z,x]^{-1}=[z^{-1},x]$；

(2) 如果 $y\in G'$，则 $[xy,z]=[x,z][y,z]$，$[z,xy]=[z,x][z,y]$；

(3) 对任意的 $x,y,z\in G$，有 $[x,y^{-1},z]^y=[y,x,z]$；

(4) 对任意的 $x,y,z\in G$，有 $[x,y,z][y,z,x][z,x,y]=1$；

(5) 如果 $z\in G'$，则 $[z,x,y]=[z,y,x]$.

证明 (1) 由 G' 的交换性得

$$[z,x]^{-1}=[z^{-1},x]^{z}=[z^{-1},x]$$

(2) 由 G' 的交换性立得.

(3) 应用换位子公式,得

$$\begin{aligned}[x,y^{-1},z]^{y}&=[[x,y^{-1}]^{y},z^{y}]=[[y,x],z[z,y]]\\&=[y,x,z][[y,x],[z,y]]=[y,x,z]\end{aligned}$$

(4) 由(3)及 Witt 公式立得.

(5) 由 $z\in G'$ 及(4)得

$$[y,z,x][z,x,y]=1$$

即 $[z,x,y]=[y,z,x]^{-1}$. 由(1)得 $[y,z,x]^{-1}=[[y,z]^{-1},x]=[z,y,x]$,于是即得 $[z,x,y]=[z,y,x]$.

由命题 1.2.6 中的(5)用归纳法可得:若 $z\in G'$,$x_1,\cdots,x_n\in G$,而 σ 是集合 $\{1,2,\cdots,n\}$ 的任一置换,则有

$$[z,x_1,\cdots,x_n]=[z,x_{1^{\sigma}},\cdots,x_{n^{\sigma}}]$$

特别地,仅由 a,b 二元素组成的任意权的简单换位子中,除掉前两项,从第三项往后的诸项间次序可以任意调换,于是总可将其化成 $[a,b,a,\cdots,a,b,\cdots,b]$ 或 $[b,a,\cdots,a,b,\cdots,b]$ 的形式. 设在上述换位子中一共出现了 i 个 a,j 个 b,其中 i,j 是正整数,则为简便计,约定

$$[ia,jb]=[a,b,\underbrace{a,\cdots,a}_{i-1},\underbrace{b,\cdots,b}_{j-1}]$$

于是有

命题 1.2.7 设 G 是亚交换群,由 a,b 生成,则对 $s\geqslant 2$,

$$G_s=\langle [ia,(s-i)b],G_{s+1}\mid i=1,\cdots,s-1\rangle$$

于是,G_s/G_{s+1} 可由 $s-1$ 个元素生成.

下面两个亚交换群中的公式是十分重要的.

命题 1.2.8 设 G 是亚交换群,$a,b\in G$. 又设 m,n 为正整数,则有

$$[a^m,b^n]=\prod_{i=1}^{m}\prod_{j=1}^{n}[ia,jb]^{\binom{m}{i}\binom{n}{j}}$$

证明 对 $m+n$ 用归纳法. 若 $m+n=2$,公式显然成立. 下面设 $m+n>2$,这时 m,n 中至少有一个大于 1.

若 $n>1$,则

$$[a^m,b^n]=[a^m,b][a^m,b^{n-1}]^{b}$$

应用归纳假设得

$$[a^m,b^n]=\prod_{i=1}^{m}[ia,b]^{\binom{m}{i}}\left(\prod_{i=1}^{m}\prod_{j=1}^{n-1}[ia,jb]^{\binom{m}{j}\binom{n-1}{j}}\right)^{b}$$

$$=\prod_{i=1}^{m}[ia,b]^{\binom{m}{i}}\cdot\prod_{i=1}^{m}\prod_{j=1}^{n-1}([ia,jb][ia,(j+1)b])^{\binom{m}{i}\binom{n-1}{j}}$$

$$=\prod_{i=1}^{m}\Big([ia,b]^{\binom{m}{i}}[ia,b]^{\binom{m}{i}\binom{n-1}{1}}[ia,nb]^{\binom{m}{i}}\cdot$$

$$\prod_{j=2}^{n-1}[ia,jb]^{\binom{m}{i}\binom{n-1}{j}+\binom{m}{i}\binom{n-1}{j-1}}\Big)$$

$$=\prod_{i=1}^{m}\Big([ia,b]^{\binom{m}{i}\binom{n}{1}}[ia,nb]^{\binom{m}{i}\binom{n}{n}}\prod_{j=2}^{n-1}[ia,jb]^{\binom{m}{i}\binom{n}{j}}\Big)$$

$$=\prod_{i=1}^{m}\prod_{j=1}^{n}[ia,jb]^{\binom{m}{i}\binom{n}{j}}$$

若 $n=1,m>1$，这时有

$$[a^m,b]=[a^{m-1},b]^a[a,b]$$

应用归纳假设得

$$[a^m,b]=\Big(\prod_{i=1}^{m-1}[ia,b]^{\binom{m-1}{i}}\Big)^a[a,b]$$

$$=\prod_{i=1}^{m-1}[ia,b]^{\binom{m-1}{i}}\prod_{i=1}^{m-1}[(i+1)a,b]^{\binom{m-1}{i}}\cdot[a,b]$$

$$=[a,b][a,b]^{\binom{m-1}{1}}\prod_{i=2}^{m-1}[ia,b]^{\binom{m-1}{i}}\prod_{i=2}^{m}[ia,b]^{\binom{m-1}{i-1}}$$

$$=[a,b]^{\binom{m}{1}}\Big(\prod_{i=2}^{m-1}[ia,b]^{\binom{m}{i}}\Big)[ma,b]^{\binom{m}{m}}$$

$$=\prod_{i=1}^{m}[ia,b]^{\binom{m}{i}}$$

命题 1.2.9　设 G 是亚交换群，$a,b\in G,m\geqslant 2$，则

$$(ab^{-1})^m=a^m\prod_{i+j\leqslant m}[ia,jb]^{\binom{m}{i+j}}b^{-m}$$

其中求积号中的 i,j 为正整数，且满足 $i+j\leqslant m$.

证明　对 m 用归纳法. 当 $m=2$ 时，

$$(ab^{-1})^2=ab^{-1}ab^{-1}=a^2b^{-1}[b^{-1},a]bb^{-2}=a^2[a,b]b^{-2}$$

定理成立. 现在设 $m>2$，由归纳假设有

$$(ab^{-1})^m=(ab^{-1})^{m-1}ab^{-1}$$

$$=a^{m-1}\prod_{i+j\leqslant m-1}[ia,jb]^{\binom{m-1}{i+j}}b^{-m+1}ab^{-1}$$

$$=a^{m-1}\prod_{i+j\leqslant m-1}[ia,jb]^{\binom{m-1}{i+j}}a[a,b^{m-1}]b^{-m}$$

$$=a^m\prod_{i+j\leqslant m-1}[ia,jb]^{\binom{m-1}{i+j}}\cdot$$

$$\left(\prod_{i+j\leqslant m-1}[(i+1)a,jb]^{\binom{m-1}{i+j}}\right)[a,b^{m-1}]b^{-m}$$

将 $[a,b^{m-1}]=\prod\limits_{j=1}^{m-1}[a,jb]^{\binom{m-1}{j}}$ 代入上式,可得

$$(ab^{-1})^m=a^m\prod_{j=1}^{m-2}[a,jb]^{\binom{m-1}{j+1}}\prod_{i+j\leqslant m-1}[ia,jb]^{\binom{m-1}{i+j}}\cdot$$

$$\prod_{\substack{i+j\leqslant m\\ i>1}}[ia,jb]^{\binom{m-1}{i+j-1}}\prod_{j=1}^{m-1}[a,jb]^{\binom{m-1}{j}}b^{-m}$$

$$=a^m\prod_{j=1}^{m-2}[a,jb]^{\binom{m}{j+1}}[a,(m-1)b]\prod_{\substack{i+j\leqslant m-1\\ i>1}}[ia,jb]^{\binom{m}{i+j}}\cdot$$

$$\prod_{\substack{i+j=m\\ i>1}}[ia,jb]\cdot b^{-m}$$

$$=a^m\prod_{j=1}^{m-1}[a,jb]^{\binom{m}{j+1}}\prod_{\substack{i+j\leqslant m\\ i>1}}[ia,jb]^{\binom{m}{i+j}}b^{-m}$$

$$=a^m\prod_{i+j\leqslant m}[ia,jb]^{\binom{m}{i+j}}b^{-m}$$

1.3 内交换 p 群

一个非交换群称为内交换群,若它的每个真子群都是交换的.在本节中,主要是研究内交换 p 群,给出它们的完全分类.

引理 1.3.1 设 A 是非交换群 G 的交换正规子群,且其商群 $G/A=\langle xA\rangle$ 是循环群,则

(1) 映射 $a\mapsto[a,x]$,$a\in A$,是 A 到 G' 上的满同态;

(2) $G'\cong A/A\cap Z(G)$.

特别地,若 G 有交换极大子群,则 $|G|=p|G'||Z(G)|$.

定理 1.3.1 设 G 是有限 p 群,则下列命题等价:

(1) G 是内交换群;

(2) $d(G)=2$ 且 $|G'|=p$;

(3) $d(G)=2$ 且 $Z(G)=\Phi(G)$.

证明 (1)⇒(2):取二元素 $a,b\in G$ 使 $[a,b]\neq1$,则 $H=\langle a,b\rangle$ 非交换,因而 $H=G$.因此 $d(G)=2$.取 G 的两个不同的极大子群 A 和 B.假设它们交换,因此 $A\cap B=Z(G)$ 且 $|G:A\cap B|=p^2$.由引理 1.3.1 可得 $|G|=p|G'||Z(G)|$,于是 $|G'|=$

p,(2)成立.

(2)⇒(3):因为$|G'|=p$,有$G'\leq Z(G)$. 由命题 1.2.4 得$[x^p,y]=[x,y]^p=1$, $\forall x,y\in G$. 于是$\mho_1(G)\leq Z(G)$. 因此又有$\Phi(G)=\mho_1(G)G'\leq Z(G)$. 如果$\Phi(G)<Z(G)$,则由$d(G)=2$,$|G/Z(G)|=p$,得$G$交换,矛盾. 故(3)成立.

(3)⇒(1):因为每个极大子群$M\geq\Phi(G)=Z(G)$,故M交换,即(1)成立.

下面是 Rédei 在 1947 年给出的内交换群的分类.

定理 1.3.2 *设G是内交换p群,则G是下列群之一:*

(1) Q_8;

(2) $M_p(n,m)=\langle a,b\mid a^{p^n}=b^{p^m}=1,a^b=a^{1+p^{n-1}}\rangle$, $n\geq 2$, $m\geq 1$,(亚循环情形);

(3) $M_p(n,m,1)=\langle a,b,c\mid a^{p^n}=b^{p^m}=c^p=1,[a,b]=c,[c,a]=[c,b]=1\rangle$, $m,n\geq 1$,(非亚循环情形).

在上述群的表示中,不同参数给出的群之间互不同构,但有一个例外,即有参数$p=2$, $m=1$, $n=2$的(2)型群和有参数$p=2$, $m=n=1$的(3)型群同构,它们都给出了 8 阶二面体群Δ_8.

证明 作为内交换群,所有p^3阶非交换群均在定理中列出,故下面可设$|G|>p^3$. 由定理 1.3.1 得,$d(G)=2$,$|G'|=p$. 取$a,b\in G$使$\overline{G}=G/G'=\langle\bar{a}\rangle\times\langle\bar{b}\rangle$并且$o(a)o(b)$最小. 设$o(a)=p^n$,$o(b)=p^m$,且$n\geq m$. 首先断言,$\langle a\rangle\cap\langle b\rangle=1$.

因为$G'\leq Z(G)$,由命题 1.2.4 得,对任意的$x,y\in G$,有

$$\left.\begin{aligned}(xy)^p&=x^py^p, & p>2\\ (xy)^2&=x^2y^2[y,x], & p=2\end{aligned}\right\}\qquad(*)$$

设$\langle a\rangle\cap\langle b\rangle=\langle d\rangle\neq 1$,且设$o(d)=p^k>1$. 不失普遍性可设$a^{p^{n-k}}=d$, $b^{p^{m-k}}=d$. 于是,$a^{p^{n-k}}=b^{p^{m-k}}$. 由式($*$)推出$(a^{p^{n-m}}b^{-1})^{p^{m-k}}=1$,除非$p=2$,且$n=m=2$, $k=1$. 而这对应于$|G|=2^3$的情形,与假设矛盾. 又因为$b'=a^{p^{n-m}}b^{-1}$和$a\pmod{G'}$仍然是$\overline{G}$的基底,而$o(a)o(b')<o(a)o(b)$,故矛盾于a,b的选取. 这样就证明了$\langle a\rangle\cap\langle b\rangle=1$.

令$[a,b]=c$,则$G'=\langle c\rangle$. 区分两种情况:

(i) G'既不是$\langle a\rangle$也不是$\langle b\rangle$的子群:考虑G/G'. 因$\langle\bar{a}\rangle\cap\langle\bar{b}\rangle=\bar{1}$,则$|G|=p^{n+m+1}$,此时容易看出$G$有表现(3),且$\exp(G)=p^n$. 于是$n$和$m$都是$G$的不变量.

(ii) G'恰好是$\langle a\rangle$和$\langle b\rangle$其中一个的子群,譬如$G'\leq\langle a\rangle$. 这时$\langle a\rangle$是G的循环正规子群,而G是亚循环群. 设$a^b=a^i$. 因为$b^p\in Z(G)$, $a=a^{b^p}=a^{i^p}$,于是$i^p\equiv 1\pmod{p^n}$. 故可设$i=1+p^{sp^{n-1}}$, $p\nmid s$. 设t满足$st\equiv 1\pmod p$,则以b^t代替b,得到群的表现(2). 如果$n>m$, $G'\leq\langle a\rangle$,同样的推理得到G有表现:

$$G=\langle a,b\mid a^{p^m}=b^{p^n}=1,a^b=a^{1+p^{m-1}}\rangle\qquad(**)$$

这仍得到(2)型群,只需把 m,n 交换位置. 因此在表现(2)中不假定 $n\geq m$,就也包括了这类群. 因为 $G'\leq\langle a\rangle$,所以有 $n\geq 2$.

下面要证明(ii)中群不同的参数值对应于不同构的群. 因为 $|G|=p^{n+m}$,以及由式(*)和 $n\geq 2$ 易验证 $\exp(G)=p^{\max(m,n)}$,如果有与(2)同构但参数不同的群,其对应关系必为式(**). 但在群(2)中有阶为 $\exp(G)$ 的循环正规子群,但在群(**)中没有.

最后,考虑(1)~(3)型群之间的同构. 首先,明显地,(1)型群不与(2)型群或(3)型群同构. 又容易看出,(2)型群 $M_2(2,1)$ 和(3)型群 $M_2(1,1,1)$ 同构,它们都是 8 阶二面体群. 除此之外,在(2)型群和(3)型群之间没有互相同构的群. 这是因为,除了群 $M_2(1,1,1)$ 之外,对(3)型群都有 $\Omega_1(G)=C_2^3$,而对(2)型群 G,有 $\Omega_1(G)=C_2^2$. 这样就完成了定理的证明.

1.4 亚循环 p 群

定义 1.4.1 称 p 群 G 为亚循环群,如果 G 有循环正规子群 N 使得 G/N 也循环.

明显地,亚循环 p 群的子群和商群仍亚循环.

定理 1.4.1 (Blackburn) 有限 p 群 G 亚循环当且仅当 $G/\Phi(G')G_3$ 亚循环.

证明 只需证充分性. 不失普遍性可设 $\Phi(G')G_3\neq 1$. 取 $K\leq\Phi(G')G_3$ 满足 $|K|=p$,$K\trianglelefteq G$. 由归纳法可以假定 G/K 亚循环,即存在 $L\trianglelefteq G$,$L\geq K$ 使得 G/L 和 L/K 是循环群. 如果 L 循环,则 G 亚循环. 因此下面假设 L 不循环. 因为 $K\leq Z(G)$,所以 L 交换. 设 $L=M\times K$,其中 M 循环,并且 $|M|=p^s$. 因为 $1<\Phi(G')G_3<G'<L$,$|L|\geq p^3$,所以 $s\geq 2$. 又因$\mho_1(M)=\mho_1(L)$和 $L\trianglelefteq G$,$\mho_1(M)\trianglelefteq G$,令 $N=\mho_1(M)K$,所以 $N\trianglelefteq G$ 且 $|L:N|=p$. 这推出 $L/N\leq Z(G/N)$. 因 G/L 循环,G/N 交换,所以 $G'\leq N$. 因为

$$|G'/G'\cap\mho_1(M)|=|G'\mho_1(M)/\mho_1(M)|\leq|N/\mho_1(M)|=p$$

有 $G'=G'\cap\mho_1(M)$或者$|G':G'\cap\mho_1(M)|=p$. 假定前者发生,$K\leq G'\leq\mho_1(M)<M$,矛盾,于是有$|G':G'\cap\mho_1(M)|=p$. 又因 $G'\cap\mho_1(M)\trianglelefteq G$,设$\overline{G}=G/G'\cap\mho_1(M)$,有$|\overline{G}'|=p$,于是 $\Phi(\overline{G}')=\overline{1}$,$\overline{G}_3=1$. 这就得到 $\Phi(G')G_3\leq G'\cap\mho_1(M)$. 但因 $K\leq\Phi(G')G_3$,所以得 $K\leq G'\cap\mho_1(M)<M$,矛盾.

推论 1.4.1 设 G 是二元生成有限 p 群,则 G 亚循环当且仅当$\overline{G}=G/\Phi(G')G_3$ 亚循环,即 $\overline{G}$ 是定理 1.3.2 中的(1)型或(2)型群. 又 G 非亚循环当且仅当 $\overline{G}$ 非亚循环,即 $\overline{G}$ 是定理 1.3.2 中的(3)型群.

证明 由 $\overline{G}=G/\Phi(G')G_3$ 内交换,立得结论.

定理 1.4.2 二元生成 2 群 G 亚循环当且仅当对 G 的每个极大子群 M 有

$d(M)\leqslant 2$.

证明 在 G 和 $\overline{G}=G/\Phi(G')G_3$ 的极大子群之间有一自然的一一对应，其互相对应的子群有相同的生成元个数. 检查定理 1.3.2 中的群，由推论 1.4.1 即得结论.

有限 p 群的不变量 $\omega(G)$ 如下定义：$|G/\mho_1(G)|=p^{\omega(G)}$.

定理 1.4.3 对于 $p>2$，有限 p 群 G 亚循环当且仅当 $\omega(G)\leqslant 2$.

证明 $\Rightarrow$：因 G 亚循环，$G'\leqslant \mho_1(G)$，于是

$$p^{\omega(G)}=|G/\mho_1(G)|=|G/\Phi(G)|\leqslant p^2$$

即 $\omega(G)\leqslant 2$.

$\Leftarrow$：对任意的 $N\trianglelefteq G$，$(G/N)/\mho_1(G/N)=(G/N)/(\mho_1(G)N/N)\cong G/\mho_1(G)N$，因此 $\omega(G/N)\leqslant\omega(G)$. 由定理 1.4.1，可设 $\Phi(G')G_3=1$，因此 G 内交换. 又因 $\omega(G)\leqslant 2$，

$$|G/\Phi(G)|\leqslant|G/\mho_1(G)|\leqslant p^2$$

除掉 G 循环的情形，有 $d(G)=2$ 和 $\Phi(G)=\mho_1(G)$. 因此 $G'\leqslant\mho_1(G)$. 由定理 1.3.2 可得 G 为该定理中的(2)型群. 因此 G 亚循环.

推论 1.4.2 (Huppert) 对于 $p>2$，若有限 p 群 G 可表示为二循环子群的乘积：$G=\langle a\rangle\langle b\rangle$，则 G 亚循环.

证明 由推论条件，$\mho_1(G)\geqslant\langle a^p\rangle\langle b^p\rangle$，故 $|G/\mho_1(G)|\leqslant p^2$，即 $\omega(G)\leqslant 2$. 由定理 1.4.3 即得结论.

引理 1.4.1[1-2] 设 G 是亚循环 p 群，p 为奇素数，则

$$G=\langle a,b\mid a^{p^{r+s+u}}=1,b^{p^{r+s+t}}=a^{p^{r+s}},a^b=a^{1+p^r}\rangle$$

其中 r,s,t,u 是非负整数且满足 $r\geqslant 1$，$u\leqslant r$，对于参数 r,s,t,u 的不同取值，对应的亚循环群互不同构.

引理 1.4.2[3] 设 G 是亚循环 2 群，则 G 是以下群之一：

(1) G 有一个循环极大子群，则 G 是二面体群、半二面体群、广义四元数群或一般亚循环群 $G=\langle a,b\mid a^{2^n}=1,b^2=1,a^b=a^{1+2^{n-1}}\rangle$，$n\geqslant 3$.

此时，G 可裂的充分必要条件是 G 不是广义四元数群.

接下来假设 G 没有循环极大子群. 有以下两种情况：

(2) 通常的亚循环 2 群：$G=\langle a,b\mid a^{2^{r+s+u}}=1,b^{2^{r+s+t}}=a^{2^{r+s}},a^b=a^{1+2^r}\rangle$，其中 r,s,t,u 是非负整数且 $r\geqslant 2$，$u\leqslant r$.

此外，$Z(G)=\langle a^{2^{s+u}},b^{2^{s+u}}\rangle$，且 G 可裂的充分必要条件是 $stu=0$.

(3) 特殊亚循环 2 群：$G=\langle a,b\mid a^{2^{r+s+v+t'+u}}=1,b^{2^{r+s+t}}=a^{2^{r+s+v+t'}},a^b=a^{-1+2^{r+v}}\rangle$，其中 r,s,v,t,t',u 是非负整数且 $r\geqslant 2$，$t'\leqslant r$，$u\leqslant 1$，$tt'=sv=tv=0$，而且若 $t'\geqslant r-1$，则 $u=0$.

此外，G 可裂的充分必要条件是 $u=0$.

不同类型的群互不同构，同一种类型但参数具有不同值的群互不同构.

1.5 p 群的初等结果

本节继续研究有限 p 群.

下面来决定所有阶 $\leqslant p^3$ 的 p 群.

首先,p 阶群必为循环群,只有一种类型. 而 p^2 阶群是交换群,因而或为 C_{p^2} 或为 C_p^2.

现在来决定 p^3 阶群. p^3 阶交换群有 3 种类型,其型不变量分别为(p^3),(p^2,p)和(p,p,p). 下面研究非交换情形.

设 G 是 p^3 阶非交换群. 任取 p 阶正规子群 N,因 $|G/N|=p^2$,G/N 是交换群,得 $N\geq G'$. 但 $G'\neq 1$,则必有 $N=G'$,并且 $G'\leq Z(G)$. 再注意到 G 中必无 p^3 阶元素,可分为下面两种情形:

(1) G 中有 p^2 阶元素 a:这时$\langle a\rangle$是 G 的极大子群,因此$\langle a\rangle \trianglelefteq G$. 因为$\langle a^p\rangle$ char $\langle a\rangle$,故$\langle a^p\rangle \trianglelefteq G$. 由前面的分析知 $G'=\langle a^p\rangle$. 在$\langle a\rangle$外面任取一元 b_1,再分为两种情形:

(i) $o(b_1)=p$:因为 $G=\langle a,b_1\rangle$,换位子$[a,b_1]\neq 1$,但因 $G'=\langle a^p\rangle$,故可设$[a,b_1]=a^{kp}$,这里 $p\nmid k$. 取 i 满足 $ik\equiv 1(\mathrm{mod}\ p)$,令 $b=b_1^i$,则由命题 1.2.4 中的(2)有$[a,b]=[a,b_1^i]=[a,b_1]^i=a^{ikp}=a^p$,于是 G 有关系

$$a^{p^2}=b^p=1,\quad b^{-1}ab=a^{1+p} \tag{I}$$

(ii) $o(b_1)=p^2$:因为 $b_1^p\in\langle a\rangle$,比较阶可令 $b_1^p=a^{kp}$. 如果 $p\neq 2$,则由命题 1.2.4 中的(3)有

$$(b_1a^{-k})^p=b_1^pa^{-kp}[a^{-k},b_1]^{\binom{p}{2}}=1$$

知$\langle a\rangle$外有 p 阶元 b_1a^{-k},因此化为情形(i). 而如果 $p=2$,则可能有 $b_1^2=a^2$,$[a,b_1]=a^2$. 这时以 b 代 b_1,得 G 有下述关系:

$$a^4=1,\quad b^2=a^2,\quad b^{-1}ab=a^3 \tag{II}$$

(2) G 中无 p^2 阶元素:区别 $p=2$ 和 $p\neq 2$ 两种情形.

若 $p=2$,由 $\exp G=2$ 推出 G 交换,即非交换群不会发生此种情形.

若 $p\neq 2$,假定 $G/G'=\langle aG',bG'\rangle$,于是 $G=\langle a,b,G'\rangle$. 但由 G 非交换,必有$[a,b]\neq 1$. 于是 $G'=\langle[a,b]\rangle$,并且还有 $G=\langle a,b\rangle$. 令 $c=[a,b]$,这时 G 有关系

$$a^p=b^p=c^p=1,\quad [a,b]=c,\quad [a,c]=[b,c]=1 \tag{II$'$}$$

请读者自行验证以(I),(II),(III$'$)为定义关系的群确为 p^3 阶非交换群,并且它们互不同构,于是它们就是全部的 p^3 阶非交换群. 把上述结果叙述成下面的定理.

定理 1.5.1 设 G 是 p^3 阶群,则 G 是下列群之一:

(1) 交换群 C_{p^3},$C_{p^2}\times C_p$ 或 C_p^3.

(2) 非交换群:

(i) $p=2$.

① $\langle a,b \mid a^4=b^2=1, b^{-1}ab=a^3\rangle \cong D_8$;(二面体群)

② $\langle a,b \mid a^4=1, b^2=a^2, b^{-1}ab=a^3\rangle \cong Q_8$.(四元数群)

(ii) $p\neq 2$.

① $\langle a,b \mid a^{p^2}=b^p=1, b^{-1}ab=a^{1+p}\rangle$;(亚循环群)

② $\langle a,b,c \mid a^p=b^p=c^p=1, [a,b]=c, [a,c]=[b,c]=1\rangle$.(非亚循环群)

下面来决定具有循环极大子群的有限 p 群,这个结果对于 p 群的进一步研究是十分有用的.

定理 1.5.2 设 $|G|=p^n$, G 有 p^{n-1} 阶循环子群 $\langle a\rangle$,则 G 只有下述 7 种类型:

(1) p^n 阶循环群: $G=\langle a\rangle$, $a^{p^n}=1$, $n\geqslant 1$.

(2) (p^{n-1},p) 型交换群: $G=\langle a,b\rangle$, $a^{p^{n-1}}=b^p=1$, $[a,b]=1$, $n\geqslant 2$.

(3) $p\neq 2$, $n\geqslant 3$, $G=\langle a,b\rangle$,有定义关系:

$$a^{p^{n-1}}=1,\quad b^p=1,\quad b^{-1}ab=a^{1+p^{n-2}}$$

(4) 广义四元数群: $p=2$, $n\geqslant 3$, $G=\langle a,b\rangle$,有定义关系:

$$a^{2^{n-1}}=1,\quad b^2=a^{2^{n-2}},\quad b^{-1}ab=a^{-1}$$

(5) 二面体群: $p=2$, $n\geqslant 3$, $G=\langle a,b\rangle$,有定义关系:

$$a^{2^{n-1}}=1,\quad b^2=1,\quad b^{-1}ab=a^{-1}$$

(6) $p=2$, $n\geqslant 4$, $G=\langle a,b\rangle$,有定义关系:

$$a^{2^{n-1}}=1,\quad b^2=1,\quad b^{-1}ab=a^{1+2^{n-2}}$$

(7) 半二面体群: $p=2$, $n\geqslant 4$, $G=\langle a,b\rangle$,有定义关系:

$$a^{2^{n-1}}=1,\quad b^2=1,\quad b^{-1}ab=a^{-1+2^{n-2}}$$

证明 除去交换的情形,有 $n\geqslant 3$. 先假定 $p>2$. 设 $\langle a\rangle$ 是 G 的循环极大子群,当然有 $\langle a\rangle \trianglelefteq G$. 任取 $b_1\notin\langle a\rangle$,有 $b_1{}^p\in\langle a\rangle$. 设 $b_1^{-1}ab_1=a^r$,由 G 非交换,有 $r\not\equiv 1 \pmod{p^{n-1}}$. 又由 $b_1{}^p\in\langle a\rangle$,有 $b_1^{-p}ab_1{}^p=a^{r^p}=a$,于是 $r^p\equiv 1\pmod{p^{n-1}}$,即 r 在模 p^{n-1} 的简化剩余系的乘法群中是 p 阶元素,由此易推出 $r\equiv 1\pmod{p^{n-2}}$. 于是可令 $r=1+kp^{n-2}$. 因 $r\not\equiv 1\pmod{p^{n-1}}$,所以有 $k\not\equiv 0\pmod p$,取整数 j 使 $jk\equiv 1\pmod p$. 再令 $b_2=b_1{}^j$,有

$$b_2{}^{-1}ab_2=b_1{}^{-j}ab_1{}^j=a^{r^j}=a^{(1+kp^{n-2})^j}=a^{1+p^{n-2}}$$

又因 $b_2{}^p\in\langle a\rangle$,而 $o(b)\leqslant p^{n-1}$,可令 $b_2{}^p=a^{sp}$, s 是整数,要证明 $(b_2a^{-s})^p=1$. 因为 $\langle a^{p^{n-2}}\rangle \operatorname{char}\langle a\rangle$,所以得到 $\langle a^{p^{n-2}}\rangle\trianglelefteq G$,于是 $\langle a^{p^{n-2}}\rangle\leq Z(G)$. 又因为 $[a,b]=a^{p^{n-2}}$,所以 $[a,b]^g=a^{p^{n-2}}$,对任意的 $g\in G$. 由定理 1.2.1 中的(3)有 $G'=\langle a^{p^{n-2}}\rangle$,于是 $G'\leq Z(G)$, $c(G)=2$. 根据命题 1.2.4 中的(3),有

$$(xy)^p=x^py^p[y,x]^{\binom{p}{2}}=x^py^p,\quad \forall x,y\in G$$

于是由 $b_2{}^p=a^{sp}$ 可得 $(b_2a^{-s})^p=b_2{}^pa^{-sp}=1$. 令 $b=b_2a^{-s}$，即可得 G 有定义关系(3).

下面设 $p=2$. 同样设 $\langle a\rangle$ 是 G 的循环极大子群，而 $b\notin\langle a\rangle$，则 $b^2\in\langle a\rangle$，且 $b^{-1}ab=a^r$，其中 $r\not\equiv 1(\mathrm{mod}\ 2^{n-1})$，但 $r^2\equiv 1(\mathrm{mod}\ 2^{n-1})$. 由此推出 r 模 2^{n-1} 只有 3 种可能：$r=-1$，$r=1+2^{n-2}$ 和 $r=-1+2^{n-2}$. 又由 $b^2\in\langle a\rangle$，可令 $b^2=a^s$. 因 $b^{-1}(b^2)b=b^2$，即 $b^{-1}a^sb=a^s$，所以有 $a^{sr}=a^s$，即 $sr\equiv s(\mathrm{mod}\ 2^{n-1})$. 若 $r=-1$，则 $s\equiv -s(\mathrm{mod}\ 2^{n-1})$，推出 $a^s=1$ 或 $a^{2^{n-2}}$，这分别给出广义四元数群(4)和二面体群(5). 当 $n=3$ 时，由 2^3 阶非交换群知只有两种类型. 而对于 $n\geqslant 4$，还要讨论 $r=\pm 1+2^{n-2}$ 的情况. 若 $r=1+2^{n-2}$，条件 $sr\equiv s(\mathrm{mod}\ 2^{n-1})$ 等价于 s 是偶数. 令 $s=2t$，由同余式 $j(1+2^{n-3})+t\equiv 0(\mathrm{mod}\ 2^{n-2})$ 能决定 j. 设 $b_1=ba^j$，则

$$b_1^2=b^2(b^{-1}a^jb)a^j=b^2a^{j\left(2+2^{n-2}\right)}=a^{2\left[j\left(1+2^{n-3}\right)+t\right]}=1$$

而 $b_1^{-1}ab_1=a^{1+2^{n-2}}$，对 b_1 和 a 来说就满足定义关系(6). 若 $r=-1+2^{n-2}$，条件 $sr\equiv s(\mathrm{mod}\ 2^{n-1})$ 变成 $(-2+2^{n-2})s\equiv 0(\mathrm{mod}\ 2^{n-1})$，即 $(-1+2^{n-3})s\equiv 0(\mathrm{mod}\ 2^{n-2})$，于是得到 $s\equiv 0(\mathrm{mod}\ 2^{n-2})$，这样 $b^2=1$ 或 $a^{2^{n-2}}$. 而若 $b^2=a^{2^{n-2}}$，令 $b_1=ba$，则

$$b_1^2=(ba)^2=b^2(b^{-1}ab)a=b^2a^{-1+2^{n-2}}a=a^{2^{n-2}}a^{2^{n-2}}=1$$

因此 a 和 b 或者 a 和 b_1 满足定义关系(7).

最后要说明上述 7 种类型的群彼此互不同构. 因为在定理 1.5.1 中已经讨论过阶 $\leqslant p^3$ 的 p 群，故这里可设 $n\geqslant 4$. 区别交换和不交换以及 $p>2$ 和 $p=2$ 的情形，只须说明(4)～(7)之间互不同构即可. 由定义关系可看出，对这 4 种情况都有 $G'=\langle[a,b]\rangle$. 计算 $[a,b]$ 得

$$[a,b]=a^{-1}b^{-1}ab=\begin{cases}a^{-2}, & \text{对于(4),(5)}\\ a^{2^{n-2}}, & \text{对于(6)}\\ a^{-2+2^{n-2}}, & \text{对于(7)}\end{cases}$$

于是对于(6)，有 $|G'|=2$；而对于其余情形，有 $|G'|=2^{n-2}$. 故(6)不与其余 3 种情形同构. 再计算 $\langle a\rangle$ 外一般元素 ba^i 的平方，得

$$(ba^i)^2=b^2(b^{-1}a^ib)a^i=\begin{cases}1, & \text{对于(4)}\\ a^{2^{n-2}}, & \text{对于(5)}\\ a^{i2^{n-2}}, & \text{对于(7)}\end{cases}$$

这首先说明 G 中 2^{n-1} 阶循环子群是唯一的. 其次，$\langle a\rangle$ 外的元素对于(4)来说全是 2 阶的，对于(5)来说全是 4 阶的，而对于(7)来说既有 2 阶元也有 4 阶元. 由此看出，(4),(5),(7)之间互不同构.

1.6　循环扩张理论

由小的群构造较大的群有很多种方法，已经熟悉的群的直积就是最简单的一种．本节再介绍一下群扩张．这里只想介绍两种特殊情况，即群的可裂扩张和循环扩张，它们在有限群论中，特别是在有限 p 群中，确有很多实际应用．

定义 1.6.1　称群 G 为群 N 被群 F 的扩张，如果 N 是 G 的正规子群，并且 $G/N\cong F$．若 F 是 m 阶循环群，则这时的扩张叫作 N 的 m 次循环扩张．若 $N\leq Z(G)$，则这时的扩张叫作中心扩张．而如果在 G 中存在子群 $H\cong F$，这时的扩张叫作可裂扩张．

群 N 被群 F 的可裂扩张也叫作群 N 和群 F 的半直积．

定义 1.6.2　设 N，F 为两个抽象群．$\alpha:F\rightarrow \mathrm{Aut}(N)$ 是同态映射，则 N 和 F 关于 α 的半直积 $G=N\rtimes_{\alpha}F$ 规定为

$$G=F\times N=\{(x,a)\mid x\in F,a\in N\}$$

运算为

$$(x,a)(y,b)=\left(xy,a^{\alpha(y)}b\right)$$

或者

$$G=N\times F=\{(a,x)\mid a\in N,x\in F\}$$

运算为

$$(a,x)(b,y)=\left(ab^{\alpha(x)^{-1}},xy\right)$$

若把 F，N 分别与 $\{(x,1)\mid x\in F\}$，$\{(1,a)\mid a\in N\}$（或者 $\{(1,x)\mid x\in F\}$，$\{(a,1)\mid a\in N\}$）等同看待，则 $G=NF=FN$，且 $N\cap F=1$．反过来，如果一个有限群 G 有一个正规子群 N 和一个子群 F 满足 $G=NF=FN$ 和 $N\cap F=1$，则 G 同构于 N 和 F 的半直积，这时也称 G 是 N 和 F 的半直积．

对于半直积 $G=N\rtimes_{\alpha}F$，若取 $\alpha=0$，即对每个 $x\in F$，$\alpha(x)$ 都是 N 的恒等映射，则 G 就变成 N 和 F 的直积．

下面再讲述有限群 N 的有限循环扩张，即当 F 为有限循环群时 N 被 F 的扩张．设 $F=\langle g\rangle$，$o(g)=m$，再设 G 是 N 被 F 的扩张，来分析 G 的结构．由定义 1.6.1 有同构 σ：$F\rightarrow G/N$．假定 g 在同构 σ 之下的像为 $\bar{g}N$，$\bar{g}$ 是陪集 $\bar{g}N$ 中任一选定的代表元，则 $\bar{g}$ 的阶(mod N)等于 m．于是有 $\bar{g}^m=a\in N$，并且 G 对 N 的陪集分解式为

$$G=N\cup\bar{g}N\cup\bar{g}^2N\cup\cdots\cup\bar{g}^{m-1}N \tag{1.2}$$

以 τ 表示 $\bar{g}$ 在 N 上由共轭变换诱导出来的自同构，以 $\mathrm{Inn}(a)$ 表示 a 诱导出来的 N 的内自同构，则 $\tau^m=\mathrm{Inn}(a)$．由于 $a=\bar{g}^m$，有 $a^{\tau}=a$．反过来，假定存在 $a\in N$ 和 $\tau\in\mathrm{Aut}(G)$ 满足

$$a^{\tau}=a,\tau^m=\mathrm{Inn}(a) \tag{1.3}$$

则令 $G=\{(g^i,n)\mid 0\leqslant i\leqslant m-1,n\in N\}$（只看成符号的集合）．如下规定 G 的乘法：

$$(g^i,n)\cdot(g^j,n')=\begin{cases}(g^{i+j},n^{\tau^j}n'), & i+j<m\\(g^{i+j-m},an^{\tau^j}n'), & i+j\geqslant m\end{cases}\tag{1.4}$$

则 G 对上述乘法组成一个群，有正规子群 $\overline{N}=\{(g^0,n)\}\cong N$，并且 $G/\overline{N}\cong C_m$（验证均从略）. 把上面叙述的事实写成一个定理，如下：

定理 1.6.1 设 N 是群，$F=\langle g\rangle$ 是 m 阶循环群. 又设 $a\in N,\tau\in \mathrm{Aut}(N)$，$a$ 与 τ 满足式(1.3)，则集合 $G=\{(g^i,n)\mid 0\leqslant i\leqslant m-1,n\in N\}$ 对于由式(1.4)定义的乘法组成一个群. G 是 N 被循环群 $F\cong C_m$ 的扩张.

该定理给出了决定群 N 的所有循环扩张的方法. 但对于不同的 a,τ 确定的扩张何时同构的问题并没有回答. 下面的命题说明由与 τ 共轭的 N 的自同构 $\sigma^{-1}\tau\sigma$ 和元素 a^σ 得到的循环扩张与由 a,τ 确定的扩张是同构的.

命题 1.6.1 如定理 1.6.1 所述，设 G 是 N 被循环群 $F\cong C_m$ 的扩张，由满足式(1.3)的 $a\in N$ 和 $\tau\in\mathrm{Aut}(N)$ 得到. 再设 $\tau_1=\sigma^{-1}\tau\sigma$ 是 $\mathrm{Aut}(N)$ 中与 τ 共轭的自同构，则 $a_1=a^\sigma$ 与 τ_1 满足式(1.3)，并且由 a_1 和 τ_1 得到的 N 被循环群 F 的扩张 G_1 与 G 同构.

下面利用扩张理论来分类 24 阶群.

若 $|G|=24$，设 $P\in\mathrm{Syl}_2(G)$，$Q\in\mathrm{Syl}_3(G)$.

1. $P\trianglelefteq G$ 且 $Q\trianglelefteq G$，则 $G=P\times Q$. 由 $|P|=8$，P 有 5 种不同的类型，且 $Q\cong Z_3$. 故 G 有 5 种不同的类型：

(1) $Z_3\times Z_2\times Z_2\times Z_2$；

(2) $Z_3\times Z_4\times Z_2$；

(3) $Z_3\times Z_8$；

(4) $Z_3\times D_8$；

(5) $Z_3\times Q_8$.

2. $P\ntrianglelefteq G$ 且 $Q\ntrianglelefteq G$，则

(6) $G\cong S_4$.

3. $Q\trianglelefteq G$，且 $P\ntrianglelefteq G$.

对 Q 用 N/C 定理：$G/C_G(Q)\lesssim\mathrm{Aut}(Q)\cong Z_2$，当 $G/C_G(Q)=1$ 时，$Q\leq Z(G)$，故 $N_G(Q)=C_G(Q)=G$，由 Burnside 定理可得 G 有正规的 Sylow 2 -子群. 所以 $|C_G(Q)|=12$，$C_G(Q)=Q\times H$，其中 H 为 4 阶子群，因此 $C_G(Q)\cong Z_3\times Z_4$ 或 $C_G(Q)\cong Z_6\times Z_2$. 故 G 是 Z_{12} 被 Z_2 或 $Z_6\times Z_2$ 被 Z_2 的扩张，下面分情况讨论：

(i) G 是 $K=\langle a\rangle\cong Z_{12}$ 被 $H=\langle b\rangle\cong Z_2$ 的扩张.

由霍尔特定理：$G=\langle a,b\mid a^{12}=1,b^2=a^t,a^b=a^r\rangle$，其中 $r^2\equiv1\pmod{12}$，$t(r-1)\equiv 0\pmod{12}$，$r\not\equiv1\pmod{12}$.

解得：$r=-1,5,-5,12\mid t(r-1)$.

当 $r=-1$ 时，$t=0,6$，可得

$$(7)\ G=\langle a,b \mid a^{12}=1,b^2=1,a^b=a^{-1}\rangle$$

$$(8)\ G=\langle a,b \mid a^{12}=1,b^2=a^6,a^b=a^{-1}\rangle$$

在(7)中$\langle a\rangle$外全为 2 阶元,(8)中$\langle a\rangle$外全为 4 阶元,所以它们不同构.

当 $r=5$ 时,$t=3,6,9,12$.

当 $t=6,12$ 时,同余式 $t+6j\equiv 0 \pmod{12}$有解,可取适当的 j,令 $b_1=ba^j$,则有 ${b_1}^2=1$,得到:

$$(9)\ G=\langle a,b_1 \mid a^{12}=1,{b_1}^2=1,a^{b_1}=a^5\rangle$$

当 $t=3,9$ 时,同余式 $t+6j\equiv 3 \pmod{12}$有解,可取适当的 j,令 $b_1=ba^j$,则有 ${b_1}^2=a^3$,得到:

$$(10)\ G=\langle a,b_1 \mid a^{12}=1,{b_1}^2=a^3,a^{b_1}=a^5\rangle$$

当 $r=-5$ 时,$(a^4)^b=a^4$,所以 $a^4\in Z(G)$. 因为$\langle a^4\rangle\in \mathrm{Syl}_3(G)$,所以存在正规 3 -补,归到"1."中.

在(9)中,$\langle a\rangle$外有 2 阶元和 4 阶元,但(10)中$\langle a\rangle$外为 8 阶元,所以它们不同构. 在(7),(8)中$|G'|=6$,而在(9),(10)中$|G'|=3$,所以它们互不同构.

(ii) G 是 $K=\langle a\rangle\times\langle b\rangle\cong Z_6\times Z_2$ 被 $H=\langle c\rangle\cong Z_2$ 的扩张.

c 依共轭作用诱导 K 的 2 阶自同构,且 3 阶元 $a^2\notin Z(G)$. 计算可得 $\mathrm{Aut}(K)$ 有下列 2 阶自同构:

$$\sigma_1:\ a\to a^{-1},b\to b$$

$$\sigma_2:\ a\to a^{-1},b\to a^3b$$

$$\sigma_3:\ a\to a^{-1}b,b\to b$$

$$\sigma_4:\ a\to a^2b,b\to a^3$$

令 $a_1=a^2b,b_1=a^3b$,则$\{a_1,b_1\}$生成 K,且 $\sigma_2:a_1\to {a_1}^2b_1,b_1\to {a_1}^3$,所以 σ_2 与 σ_4 给出相同的扩张.

令 $a_1=a^2b,b_1=a^3$,则$\{a_1,b_1\}$生成 K,且 $\sigma_3:a_1\to {a_1}^{-1},b_1\to {a_1}^3b_1$,所以 σ_3 与 σ_2 给出相同的扩张.

所以只需考虑 σ_1,σ_3,因为 $c^2\in K$,设 $c^2=a^ib^j$,由$(a^ib^j)^c=a^ib^j$,对于 σ_1 得到 $c^2=1,b,a^3,a^3b$. 对于 σ_3 得到 $c^2=1,b$. 我们得到:

对于 σ_1,

$$G=\langle a,b,c \mid a^6=b^2=c^2=1,a^b=a,a^c=a^{-1},b^c=b\rangle$$

$$G=\langle a,b,c \mid a^6=b^2=1,c^2=b,a^b=a,a^c=a^{-1},b^c=b\rangle$$

$$G=\langle a,b,c \mid a^6=b^2=1,c^2=a^3,a^b=a,a^c=a^{-1},b^c=b\rangle$$

$$G=\langle a,b,c \mid a^6=b^2=1,c^2=a^3b,a^b=a,a^c=a^{-1},b^c=b\rangle$$

对于 σ_3,

$$G=\langle a,b,c \mid a^6=b^2=c^2=1,a^b=a,a^c=a^{-1}b,b^c=b\rangle$$

$$G=\langle a,b,c \mid a^6=b^2=1,c^2=b,a^b=a,a^c=a^{-1}b,b^c=b\rangle$$

在第五个群中，令 $c_1=ca$，则 $c_1{}^2=b, a^{c_1}=a^{-1}b, b^{c_1}=b$，同构于第六个群. 在第四个群中，令 $b_1=a^3b$，则 $b_1{}^2=1, b_1{}^c=b_1, c^2=b_1$，同构于第二个群. 在第三个群中，令 $a_1=ab$，则 $a_1{}^6=b^2=1, c^2=a_1{}^3b, a_1{}^c=a_1{}^{-1}, b^c=b$，同构于第四个群. 所以我们得到：

$$(11)\ G=\langle a,b,c \mid a^6=b^2=c^2=1, a^b=a, a^c=a^{-1}, b^c=b\rangle$$

$$(12)\ G=\langle a,b,c \mid a^6=b^2=1, c^2=b, a^b=a, a^c=a^{-1}, b^c=b\rangle$$

$$(13)\ G=\langle a,b,c \mid a^6=b^2=c^2=1, a^b=a, a^c=a^{-1}b, b^c=b\rangle$$

在(11)中，Syl 2 -子群为 $Z_2{}^3$，(12)中 Syl 2 -子群为 $Z_4\times Z_2$，(13)中 Syl 2 -子群为 D_8，所以它们不同构.

4. $Q \ntrianglelefteq G$ 且 $P\trianglelefteq G$，则 $G=P\rtimes Q$.

$|P|=8$，所以 G 是 8 阶群 P 被 $Q=\langle c\rangle\cong Z_3$ 的扩张，c 依共轭作用诱导 P 的 3 阶自同构，所以 $P=Z_2{}^3$，或 $P=Q_8$.

当 $P=Q_8$ 时，$\mathrm{Aut}(Q_8)\cong S_4$，取 $\sigma\in S_4, (\sigma)^3=1$，

$$\sigma: a\to ab, b\to a$$

$$\sigma^2: a\to b, b\to ab$$

令 $a_1=b, b_1=a$，则 $\sigma^2: a_1\to a_1b_1, b_1\to a_1$，所以 σ^2 与 σ 得到同构的群：

$$G=\langle a,b,c \mid a^4=1, b^2=a^2, c^3=1, a^b=a^{-1}, a^c=ab, b^c=a\rangle$$

因为 S_4 的 Syl 3 子群均为 3 阶且是共轭的，所以不同的 Syl 3 子群给出同构的群，我们得到：

$$(14)\ G=\langle a,b,c \mid a^4=1, b^2=a^2, c^3=1, a^b=a^{-1}, a^c=ab, b^c=a\rangle$$

当 $P=Z_2{}^3$ 时，$\mathrm{Aut}(Z_2{}^3)=\mathrm{GL}(3,2)$，取 $\sigma\in \mathrm{GL}(3,2), (\sigma)^3=1$，

$$\sigma: a\to b, b\to c, c\to a$$

$$\sigma^2: a\to c, b\to a, c\to b$$

可以得到：

$$G=\langle a,b,c,d \mid a^2=b^2=c^2=d^3=[a,b]=[b,c]=[a,c]=1,\ a^d=b, b^d=c, c^d=a\rangle$$

$$G=\langle a,b,c,d \mid a^2=b^2=c^2=d^3=[a,b]=[b,c]=[a,c]=1,\ a^d=c, b^d=a, c^d=b\rangle$$

在第二个群中令 $d_1=d^2$，则同构于第一个群 G，由于 GL(3,2)的 Syl 3 子群为 3 阶且是共轭的，所以不同的 Syl 3 子群给出同构的群，我们得到：

$$(15)\ G=\langle a,b,c,d \mid a^2=b^2=c^2=d^3=[a,b]=[b,c]=[a,c]=1,\ a^d=b, b^d=c, c^d=a\rangle$$

1.7 附　注

本章前 5 节的主要内容均可在参考文献[4]中查到，1.6 节中有关 24 阶群分类的相关内容选自参考文献[5]。

第 2 章　研究背景与初等结论

2.1　研究背景

所谓中心商问题，就是研究：对于一个给定的群 G，是否存在另一个群 H，使得 $H/Z(H)\cong G$，若这样的 H 存在，则称 G 可以充当中心商，或称 G 为 capable 群. 由于对任意的群 G，有 G 的内自同构群 $\mathrm{Inn}(G)\cong G/Z(G)$，所以对中心商问题的研究也即对群的内自同构群的研究.

对中心商问题的研究，最早是在 1938 年由 Baer 开始的，他在文章[6]中考虑了这个问题，并证明了下面的定理。

定理 2.1.1　*设 G 是有限生成交换群，$G=Z_{n_1}\times Z_{n_2}\times\cdots\times Z_{n_k}$，其中 $n_i\mid n_{i+1}$，且当 $n=0$ 时，$Z_n=Z$ 为无限循环群，则 G 可以充当中心商当且仅当 $k\geqslant 2$，且 $n_{k-1}=n_k$.*

1940 年，P. Hall 在他的 p 群研究的奠基性论文[7]中进一步研究了这个问题，得出了下述有趣的结果：

定理 2.1.2　*设 p 群 G 满足 $c(G)<p$，$\{x_1,\cdots,x_n\}$ 为 G 的极小生成系，且 $o(x_1)\leqslant o(x_2)\leqslant\cdots\leqslant o(x_n)$，若 G 可以充当中心商，则 $n>1$，且 $o(x_{n-1})=o(x_n)$.*

对某个群的中心商的研究在 p 群的分类问题中起着至关重要的作用，例如，P. Hall 在研究 p 群分类问题时提出的同倾族方法（isoclinism）与群的中心商密切相关. 另外，中心商问题也与覆盖群（covering group）的 Schur's 理论以及射影表示（projective representation）有关系，因而引起人们的重视.

对中心商问题的研究，P. Hall 在他的 p 群研究的奠基性论文[7]中做了如下评论：

"The question of what conditions a group G must be fulfill in order that it may be the central quotient group of another group H,

$$G\cong H/Z(H)$$

is an interesting one. But while it is easy to write down a number of necessary conditions it is not easy to be sure that they are sufficient."

1964 年，M. Hall 与 J. K. Senior[8]在其文中研究阶 $\leqslant 2^6$ 的 2 群分类问题时，把可以充当中心商的群称为 capable 群.

对 capable 群的研究，自 20 世纪 80 年代开始变得活跃起来，近几年获得了更多的重视.

1979 年和 1982 年，F. Rudolf Beyl 和 J. Tappe[9-10]在其文中通过含在一个群的

中心里的特征子群 $Z^*(G)$来研究 capable 群，给出了一个群是 capable 群的充要条件：$Z^*(G)=1$. 特别地，作为该方法的应用，给出了亚循环群及超特殊 p 群是 capable 群的充要条件. 主要定理如下：

定理 2.1.3 设亚循环群 $G=\langle x,y \mid x^m=1, y^n=x^s, x^y=x^r\rangle$，其中 r,s 为正整数，满足 $r^n\equiv 1(\bmod m)$，且$(m,1+r+\cdots+r^{n-1})\equiv 0(\bmod s)$，则 G 是 capable 群当且仅当 $s=m$，且 n 是满足 $1+r+\cdots+r^{n-1}\equiv 0(\bmod s)$的最小正整数.

定理 2.1.4 设 G 是超特殊 p 群，则 G 是 capable 群当且仅当 $G\cong D_8$，或 $G\cong M_{p^3}$，其中 M_{p^3} 为 p^3 阶方次数为 p 的非交换群.

1987 年，Shahriari[11] 从正规结构来考虑 capable 群，得出了满足某些特定条件的群不能是 capable 群的正规子群. 特别地，他给出了：

定理 2.1.5 四元数群 $Q_{2^n}(n>2)$和半二面体群 $SD_{2^n}(n>3)$不能是 capable 群的正规子群.

此外，还得出：如果有限 p 群 G 有正规子群同构于 $p^3(p\geqslant 3)$阶亚循环的内交换群，则 G 不是 capable 群.

1990 年，Hermann Heineken[12] 给出了特殊的类 2 群是 capable 群的必要条件，即

定理 2.1.6 设有限群 G 满足 $Z_p\times Z_p=G'\subseteq Z(G)$，且 G 是 capable 群，则 $p^2<|G/Z(G)|<p^6$.

定理 2.1.7 若 G 是 capable 群，则 $G\times Z_p$ 是 capable 群.

1996 年，Hermann Heineken 及 Daniela Nikolova 推广了这个结果，在其文章[13] 中得到了下面的定理：

定理 2.1.8 设有限群 G 满足 $G'=Z(G)$，$G^p=1$，$p>2$，且 G 是 capable 群，若中心 Z(G)的秩为 k，则 G/G'的秩至多为 $2k+\binom{k}{2}$.

2003 年，Michael R. Bacon 和 Luise - Charlotte Kappe 借助于论文[14] 对二元生成，类 2 的 p 群($p>2$)的分类结果，在参考文献[15]中给出了此类群是 capable 群的充要条件. 此外，还给出了 $p>2$ 的类 2 的 p 群是 capable 群的一个必要条件.

定理 2.1.9 设 $p>2$，G 是二元生成的有限 p 群，且 $c(G)=2$，则 G 同构于下列群之一：

(1) $G\cong(\langle c\rangle\times\langle a\rangle)\rtimes\langle b\rangle$，其中$[a,b]=c$，$[a,c]=[b,c]=1$，$o(a)=p^\alpha$，$o(b)=p^\beta$，$o(c)=p^\gamma$，其中 α,β,γ 为整数，且 $\alpha\geqslant\beta\geqslant\gamma\geqslant 1$.

(2) $G\cong\langle a\rangle\rtimes\langle b\rangle$，其中$[a,b]=a^{p^{\alpha-\gamma}}$，$o(a)=p^\alpha$，$o(b)=p^\beta$，$o([a,b])=p^\gamma$，其中 α,β,γ 为整数，且 $\alpha\geqslant\beta$，$\alpha\geqslant 2\gamma$，$\beta\geqslant\gamma\geqslant 1$.

(3) $G\cong(\langle c\rangle\times\langle a\rangle)\rtimes\langle b\rangle$，其中$[a,b]=a^{p^{\alpha-\gamma}}c$，$[c,b]=a^{-p^{2(\alpha-\gamma)}}c^{-p^{\alpha-\gamma}}$，$o(a)=p^\alpha$，$o(b)=p^\beta$，$o(c)=p^\sigma$，$o([a,b])=p^\gamma$，其中 $\alpha,\beta,\gamma,\sigma$ 为整数，且 $\gamma>\sigma\geqslant 1$，$\alpha+\sigma\geqslant$

$2\gamma,\alpha\geqslant\beta,\beta\geqslant\gamma$.

定理 2.1.10 设 $p>2$，G 是二元生成的有限 p 群，且 $c(G)=2$，则 G 是 capable 群当且仅当 G 为定理 2.1.9 中的情形(1)或(2)，且 $\alpha=\beta$.

定理 2.1.11 设 $p>2$，有限 p 群 $G=\langle a_1,a_2,\cdots,a_k\rangle$，其中 $\{a_1,a_2,\cdots,a_k\}$ 为 G 的极小生成系，$o(a_i)=p^{\alpha_i}$，$\alpha_i\geqslant\alpha_{i+1}$，$i=1,2,\cdots,k-1$，且 $c(G)=2$，若 G 是 capable 群，则 $\alpha_1=\alpha_2$.

对任意给定素数 $p>2$，总存在群 G 满足 $c(G)=2$ 且 $\alpha_1=\alpha_2$，但 G 不是 capable 群.

2004 年，Arturo Magidin[16] 在其文中证明：对任意的素数 p 和正整数 c，由一个 p 阶元和一个 $p^{1+\lfloor (c-1)/(p-1)\rfloor}$ 阶元可生成一个类为 c 的 p 群是 capable 群.

2005 年，Arturo Magidin[17] 在其文中利用幂零积的概念对 capable 群进行研究，推广了 P. Hall 和 Baer 的结果，给出了类为 k 的群是 capable 群的必要条件，并且给出了二元生成，类为 2 的 p 群($p>2$)是 capable 群的充要条件的另一种不同于参考文献[15]的证明.

但是，迄今为止，对于这个问题的研究总的来看还是不够的，还有必要进行进一步探索.

2.2 初等结论

本节将给出 capable 群的一些有意义的结果.

命题 2.2.1 若有限 p 群 Q 不能充当 p 群的中心商，则 Q 亦不能充当有限群的中心商.

证明 若存在有限群 G 使得 $G/Z(G)\cong Q$. 设 $P\in \mathrm{Syl}_p(G)$，则 $G=Z(G)P$，故有 $Z(G)\cap P=Z(P)$，所以 $Q\cong G/Z(G)=PZ(G)/Z(G)\cong P/(Z(G)\cap P)=P/Z(P)$，与题设矛盾.

命题 2.2.2 设 $H_1\cong G_1/Z(G_1)$，$H_2\cong G_2/Z(G_2)$，令 $G=G_1\times G_2$，则 $H_1\times H_2\cong G/Z(G)$.

证明 考虑群 $G=G_1\times G_2$ 到 $G_1/Z(G_1)\times G_2/Z(G_2)$ 内的映射：

$$\sigma:(g_1,g_2)\rightarrow(g_1Z(G_1),g_2Z(G_2)),\ \forall g_1\in G_1,g_2\in G_2$$

$\forall g_1,g_3\in G_1,g_2,g_4\in G_2$，因为 $(g_1,g_2)(g_3,g_4)=(g_1g_3,g_2g_4)\rightarrow(g_1g_3Z(G_1),g_2g_4Z(G_2))$，且 $(g_1Z(G_1),g_2Z(G_2))(g_3Z(G_1),g_4Z(G_2))=(g_1g_3Z(G_1),g_2g_4Z(G_2))$，所以 σ 是同态映射.

下证 $\mathrm{Ker}\,\sigma=Z(G_1)\times Z(G_2)$.

$\forall(g_1,g_2)\in\mathrm{Ker}\,\sigma$，则 $(g_1,g_2)\rightarrow(Z(G_1),Z(G_2))$. 所以 $g_1\in Z(G_1)$，$g_2\in Z(G_2)$，即 $(g_1,g_2)\in Z(G_1)\times Z(G_2)$. 反之，$\forall(g_1,g_2)\in Z(G_1)\times Z(G_2)$，有 $(g_1,$

$g_2)\to(Z(G_1),Z(G_2))$，所以 $g_1,g_2\in\mathrm{Ker}\,\sigma$. 故 $\mathrm{Ker}\,\sigma=Z(G_1)\times Z(G_2)$. 由同态基本定理可得 $(G_1\times G_2)/(Z(G_1)\times Z(G_2))\cong G_1/Z(G_1)\times G_2/Z(G_2)$，即 $G/Z(G)\cong G_1/Z(G_1)\times G_2/Z(G_2)\cong H_1\times H_2$.

推论 2.2.1 设 $G/Z(G)\cong H$，K 是交换群，则 $(G\times K)/Z(G\times K)\cong H$.

命题 2.2.3 设群 G 有两个不同的循环子群 A,B，使得 $G=\langle A,B\rangle$ 且 $A\cap B>\{1\}$，则 G 不是 capable 群.

证明 若 G 是 capable 群，即存在群 H，使得 $H/Z(H)\cong G$，则可设 $H/Z(H)=\langle M/Z(H),N/Z(H)\rangle$，$(M/Z(H))\cap(N/Z(H))>1$，所以 $M\cap N>Z(H)$. 又 $M/Z(H)$ 循环，$N/Z(H)$ 循环，故 M,N 交换. 由 $H=\langle M,N,Z(H)\rangle$ 可得 $M\cap N\leqslant Z(H)$，矛盾.

引理 2.2.1[1-2] 设 G 是亚循环 p 群，p 为奇素数，则

$$G=\langle a,b\mid a^{p^{r+s+u}}=1,b^{p^{r+s+t}}=a^{p^{r+s}},a^b=a^{1+p^r}\rangle$$

其中 r,s,t,u 是非负整数且满足 $r\geqslant1,u\leqslant r$。对于参数 r,s,t,u 的不同取值，对应的亚循环群互不同构.

引理 2.2.2[3] 设 G 是亚循环 2 群，则 G 是以下群之一：

(Ⅰ) G 有一个循环极大子群，则 G 是二面体群、半二面体群、广义四元数群或一般亚循环群 $G=\langle a,b\mid a^{2^n}=1,b^2=1,a^b=a^{1+2^{n-1}}\rangle,n\geqslant3$.

此时，G 可裂的充分必要条件是 G 不是广义四元数群.

接下来假设 G 没有循环极大子群，有以下两种情况：

(Ⅱ) 通常的亚循环 2 群：$G=\langle a,b\mid a^{2^{r+s+u}}=1,b^{2^{r+s+t}}=a^{2^{r+s}},a^b=a^{1+2^r}\rangle$，其中 r,s,t,u 是非负整数且 $r\geqslant2,u\leqslant r$.

此外，$Z(G)=\langle a^{2^{s+u}},b^{2^{s+u}}\rangle$，且 G 可裂的充分必要条件是 $stu=0$.

(Ⅲ) 特殊亚循环 2 群：$G=\langle a,b\mid a^{2^{r+s+v+t'+u}}=1,b^{2^{r+s+t}}=a^{2^{r+s+v+t'}},a^b=a^{-1+2^{r+v}}\rangle$，其中 r,s,v,t,t',u 是非负整数且 $r\geqslant2,t'\leqslant r,u\leqslant1,tt'=sv=tv=0$，而且若 $t'\geqslant r-1$，则 $u=0$.

此外，G 可裂的充分必要条件是 $u=0$.

不同类型的群互不同构，同一种类型但参数具有不同值的群互不同构.

引理 2.2.3[9] 设亚循环群 $G=\langle x,y\mid x^m=1,y^n=x^s,x^y=x^r\rangle$，其中 r,s 为正整数，满足 $r^n\equiv1\pmod m$，且 $(m,1+r+\cdots+r^{n-1})\equiv0\pmod s$，则 G 是 capable 群当且仅当 $s=m$，且 n 是满足 $1+r+\cdots+r^{n-1}\equiv0\pmod s$ 的最小正整数.

推论 2.2.2 设 G 为引理 2.2.1 中所述的亚循环群，则 G 是 capable 群当且仅当 $u=t=0$.

推论 2.2.3 设 G 为引理 2.2.2 中所述亚循环 2 群，

(1) 当 G 为(Ⅰ)时，G 是 capable 群当且仅当 $G=D_{2^n}$.

(2) 当 G 为(Ⅱ)时,G 是 capable 群当且仅当 $u=t=0$.

(3) 当 G 为(Ⅲ)时,G 是 capable 群当且仅当 $u=t=0$ 且 $t'=r-1$.

引理 2.2.4[12]　若 G 是 capable 群,则 $G\times Z_p$ 是 capable 群.

由推论 2.2.3 可知,$D_{2^n}(n\geqslant 3)$是 capable 群,进一步地,可证如下结论.

命题 2.2.4　若 $G\cong D_{2^n}\times C_{2^m}$,$n\geqslant 3$,$m\geqslant 1$,则 G 是 capable 群当且仅当 $m=1$.

证明　$\Leftarrow$:当 $m=1$ 时,由引理 2.2.4 可知,$D_{2^n}\times C_2$ 是 capable 群.

$\Rightarrow$:当 $m\neq 1$ 时,$G=\langle a,b,c\mid a^{2^{n-1}}=b^2=c^{2^m}=1,a^b=a^{-1},[a,c]=[b,c]=1\rangle$.
若存在 H,使得 $H/Z(H)\cong G=\langle \bar{a},\bar{b},\bar{c}\rangle$,则 $H=\langle a,b,c,Z(H)\rangle$. 因为$[b,c]\in Z(H)$,$b^2\in Z(H)$,所以 $1=[b^2,c]=[b,c^2]$. 又因为$[a,c]\in Z(H)$,故有$[a,c]=[a,c]^b=[a^b,c^b]=[a^{-1},c]=[a,c]^{-1}$,即 $o([a,c])=2$,且 $1=[a,c]^2=[a,c^2]$. 所以 c^2 与 a,b 皆交换,$c^2\in Z(H)$,但 $\bar{c}^{2^m}=\bar{1}$,矛盾. 所以当 $m\neq 1$ 时,G 不是 capable 群.

命题 2.2.5　设 G 是方次数为 p 的 capable 群,则 $G\times C_{p^m}$ 是 capable 群当且仅当 $m=1$.

证明　$\Leftarrow$:当 $m=1$ 时,由引理 2.2.4 可知,$G\times C_p$ 是 capable 群.

$\Rightarrow$:令 $G\times C_{p^m}=G\times\langle b\rangle$,其中$\{a_1,a_2,\cdots,a_k\}$为 G 的极小生成系. 因为 $G\times C_{p^m}$ 是 capable 群,所以存在 H,使得 $H/Z(H)\cong G\times C_{p^m}=\langle\overline{a_1},\overline{a_2},\cdots,\overline{a_k},\bar{b}\rangle$,其中 $\overline{a_i}=p$,$\bar{b}=p^m$,$H=\langle a_1,a_2,\cdots,a_k,b,Z(H)\rangle$. 当 $m\neq 1$ 时,由于$[a_i,b]\in Z(H)$,$a_i{}^p\in Z(H)$,所以 $1=[a_i{}^p,b]=[a_i,b]^p=[a_i,b^p]$,故 $b^p\in Z(H)$,矛盾于 $\bar{b}=p^m$,所以 $m=1$.

定义 2.2.1　称有限 p 群 G 为正则的,如果对任意的 $a,b\in G$,有

$$(ab)^p=a^pb^pd_1{}^pd_2{}^p\cdots d_s^p$$

其中 $d_i\in\langle a,b\rangle'$,$i=1,2,\cdots,s$,$\langle a,b\rangle'$是$\langle a,b\rangle$的导群,而 s 可依赖于 a,b.

引理 2.2.5[18]　设 G 是有限正则 p 群,$a,b\in G$,s,t 为非负整数,则

$$[a^{p^s},b^{p^t}]=1\Leftrightarrow[a,b]^{p^{s+t}}=1$$

引理 2.2.6[18]　设 G 是有限 p 群.

(1) 若 $c(G)<p$,则 G 正则.

(2) 若$|G|\leqslant p^p$,则 G 正则.

(3) 若 $p>2$ 且 G'循环,则 G 正则.

(4) 若 $\exp(G)=p$,则 G 正则.

命题 2.2.6　设 $G=\langle a_1,a_2,\cdots,a_k\rangle$为正则 p 群的中心商,其中$\{a_1,a_2,\cdots,a_k\}$为 G 的极小生成系,且 $o(a_1)\leqslant o(a_2)\leqslant\cdots\leqslant o(a_k)$,$k>1$,则 $o(a_{k-1})=o(a_k)$.

证明　设 H 为正则 p 群,G 为 H 的中心商,即 $H/Z(H)\cong G=\langle\overline{a_1},\overline{a_2},\cdots,\overline{a_k}\rangle$,且 $\overline{a_i}^{p^{\alpha_i}}=\bar{1}$,则 $H=\langle a_1,a_2,\cdots,a_k,Z(H)\rangle$,$a_i{}^{p^{\alpha_i}}\in Z(H)$. 若 $o(a_{k-1})<o(a_k)$,

由引理 2.2.5，有 $1=[a_{k-1}{}^{p^{\alpha_{k-1}}},a_k]\Leftrightarrow[a_{k-1},a_k{}^{p^{\alpha_{k-1}}}]=1$，又对于任意的 $1<i<k-1$，皆成立 $1=[a_i{}^{p^{\alpha_i}},a_k]\Leftrightarrow[a_i,a_k{}^{p^{\alpha_i}}]=1$，故有 $a_k{}^{p^{\alpha_{k-1}}}\in Z(H)$，矛盾于 $\overline{a_k}^{p^{\alpha_k}}=\bar{1}$，所以 $o(a_{k-1})=o(a_k)$.

定理 2.2.1[19] 设群 G 为 p^3 阶群，则 G 是 capable 群当且仅当 G 为下列群之一：

(1) $G=Z_p\times Z_p\times Z_p$；

(2) $G=D_8$；

(3) $G=M_{p3}$，其中 M_{p3} 为 p^3 阶方次数为 p 的非交换群。

命题 2.2.7 设 m 是正整数，p 是素数，且满足 $p\geqslant 5$，则群 $G=\langle a,b,c\mid a^{p^m}=b^{p^m}=c^p=1,[b,a]=c,[c,a]=1,[c,b]=a^p\rangle$ 是 capable 群当且仅当 $m\leqslant 2$.

证明 $\Leftarrow$：当 $m=1$ 时，G 是方次数为 p 的 p^3 阶群，由定理 2.2.1 知其是 capable 群.

当 $m=2$ 时，可构造出 H，使得 $H/Z(H)\cong G$.

设交换群 $A=\langle e\rangle\times\langle f\rangle\times\langle g\rangle\times\langle d\rangle\cong Z_p\times Z_p\times Z_p\times Z_p$，令映射 σ：$\begin{cases}e\to eg^{-1}\\ f\to f\\ d\to d\\ g\to g\end{cases}$，再把它扩充到整个 A 上，易证 σ 是 A 的 p 阶自同构.

设 $\langle b\rangle$ 是 p^2 阶循环群，$b^p=f$，且 b 在 A 上的作用与 σ 相同. 令 $B=\langle e,f,g,d\rangle\langle b\rangle=\langle e,b,d\rangle$，则 $|B|=p^5$.

在 B 中规定映射 β：$\begin{cases}e\to e\\ b\to be^{-1}\\ d\to d\end{cases}$，再把它扩充到整个 B 上，易证 β 是 B 的 p 阶自同构. 设 $\langle c\rangle$ 是 p^2 阶循环群，$c^p=g$，且 c 在 B 上的作用与 β 相同，令 $C=\langle e,b,c,d\rangle$，则 C 正则且 p 交换，$|C|=p^6$.

在 C 中规定映射 γ：$\begin{cases}e\to e\\ b\to bc\\ d\to d\\ c\to cd\end{cases}$，再把它扩充到整个 A 上，易证 γ 是 C 的 p^2 阶自同构. 设 $\langle a\rangle$ 是 p^2 阶循环群，$a^p=e$，且 a 在 C 上的作用与 β 相同. 令 $H=\langle a,b\rangle$，则 $|H|=p^7$.

所以 $H=\langle a,b,c\mid a^{p^2}=b^{p^2}=c^{p^2}=d^p=1,[b,a]=c,[c,a]=d,[c,b]=a^p,[d,a]=[d,b]=[d,c]=1,[b^p,a]=[b,a^p]=c^p\rangle$. 由定义关系可得中心 $Z(H)=\langle c^p,d\rangle$ 是 p^2 阶群，且有 $H/Z(H)\cong G$. G 是 capable 群.

⇒：因为 $c(G)=3$，所以若存在 p 群 H，使得 $H/Z(H)\cong G=\langle\bar{a},\bar{b}\rangle$，则有 $c(H)=4<p$，H 正则，即 G 为正则 p 群的中心商. 设 $H=\langle a,b,Z(H)\rangle$，则 $\bar{c}^{p}=\bar{1}$，由引理 2.2.5，有 $1=[c^{p},b]\Leftrightarrow[c,b]^{p}=1$，即 $\bar{a}^{p^{2}}=\bar{1}$. 若 $m>2$，则矛盾于 $\bar{a}^{p^{m}}=\bar{1}$. 所以 $m\leqslant 2$.

2.3 附　注

本章中命题 2.2.4 和命题 2.2.5 的主要内容可在参考文献[20]中查到，命题 2.2.7 的主要内容可在参考文献[21]中查到。

第3章 交换的capable群

3.1 相关定义和结果

定理3.1.1 任一有限交换群G均可表示成下列形式：

$$G=\langle a_1\rangle\times\langle a_2\rangle\times\cdots\times\langle a_s\rangle$$

其中$o(a_i)|o(a_{i+1})$，$i=1,2,\cdots,s-1$，并且直因子的个数s以及诸直因子的阶是由G唯一决定的.

群G称为Dedekind群，如果G的所有子群都在G中正规. Dedekind[22]在其文中给出了有限Dedekind群的分类，Baer[23]在其文中对无限Dedekind群进行了分类. 他们证明，Dedekind群或为交换群，或为四元数群与无4阶元素的周期群的直积.（周期群指的是没有无限阶元素的群）. 又称非交换的Dedekind群是Hamilton群.

下面的定理给出了有限Dedekind p群的分类.

定理3.1.2 设G是有限Dedekind p群，则

(1) G交换；

(2) $p=2$并且$G\cong Q_8\times C_2^n$，其中n是非负整数.

证明 设$p>2$，G是使定理不真的极小反例，则G的每个真子群交换，于是G是内交换群. 由定理1.3.2，G有非正规子群，矛盾.

设$p=2$，且G非交换. 取G的一个内交换子群H，则H亦为Dedekind群。由定理1.3.2，$H\cong Q_8$. 令$H=\langle a,b\rangle$，则$o(a)=o(b)=4$，$a^2=b^2$，且$[a,b]=a^2$. 令$C=C_G(H)$，则$C=C_G(\langle a\rangle)\cap C_G(\langle b\rangle)$. 由$N/C$定理，$|G:C_G(\langle a\rangle)|=2$，$|G:C_G(\langle b\rangle)|=2$. 于是$|G:C|\leqslant 4$. 又，$C\cap H=Z(H)=\langle a^2\rangle$，得$HC=G$. 下面证$\exp(C)=2$. 如若不然，有$c\in C$使得$o(c)=4$. 因$c\in C$，$ac\neq 1$，$o(ac)=4$，且$[ac,b]=[a,b]=a^2$. 因$\langle ac\rangle\trianglelefteq G$，$a^2=[ac,b]\in\langle ac\rangle$，于是得$a^2=(ac)^2=a^2c^2$，$c^2=1$，与$o(c)=4$矛盾. 这样就证明了$C$是初等交换2群. 取$\langle a^2\rangle$在$C$中的补$D$，则$G=H\times D$，定理得证.

3.2 交换群的capable性质研究

Baer[6]在其文中给出了交换群是capable群的充要条件，下面是作者用不同的方法得到的与Baer一致的结果.

易知,若群 $G>\{1\}$ 循环,则不存在群 H,使得 $H/Z(H)\cong G$. 事实上,若存在群 H,使得 $H/Z(H)\cong G$,则 H 交换,$H=Z(H)$,$H/Z(H)=1$,矛盾.

定理 3.2.1　设有限交换群 $G=\langle a_1\rangle\times\langle a_2\rangle\times\cdots\times\langle a_n\rangle$,$n>1$,$o(a_i)=m_i$,$o(a_{i+1})\mid o(a_i)$,$i=1,2,\cdots,n-1$,则存在群 H,使得 $H/Z(H)\cong G$ 当且仅当 $m_1=m_2$.

证明　$\Rightarrow$:若 $m_1\neq m_2$,由已知可设 $H/Z(H)\cong\langle a_1Z(H)\rangle\times\langle a_2Z(H)\rangle\times\cdots\times\langle a_nZ(H)\rangle\cong H$,则 ${a_1}^{m_1}\in Z(H)$,${a_2}^{m_2}\in Z(H)$,$\cdots$,${a_n}^{m_n}\in Z(H)$,且 $[a_i,a_j]\in Z(H)$,$i,j=1,2,\cdots n$,$i\neq j$,所以 $[{a_1}^{m_2},a_i]=[a_1,{a_i}^{m_2}]=1$,$i\neq 1$,故 ${a_1}^{m_2}\in Z(H)$,矛盾.

$\Leftarrow$:若 $m_1=m_2$,则存在群 $H=\langle a_1,a_2,\cdots,a_n\mid {a_1}^{m_2}={a_2}^{m_2}=\cdots={a_n}^{m_n}=1,[a_i,a_j]=a_{ij},i<j,{a_{ij}}^{m_j}=1,[a_{ij},a_k]=1\rangle$,$i=1,2,\cdots,n-1$;$j=2,3,\cdots,n$;$k=1,2,\cdots,n$,$H'=Z(H)$,使得 $H/Z(H)\cong G$.

事实上,H 可看成交换群 $A_1=\langle a_1\rangle\times\langle a_{12}\rangle\times\cdots\times\langle a_{1n}\rangle\times\langle a_{23}\rangle\times\cdots\times\langle a_{n-1,n}\rangle$,其中:$o(a_1)=m_1$,$o(a_{ij})=m_j$,$i=1,2,\cdots,n-1$;$j=2,3,\cdots,n$;$i<j$,依次添加元素 $a_2,a_3,\cdots,a_n$ 做循环扩张得到.

在 A_1 中规定映射:

$$ {a_1}^{a_2}=a_1a_{12} $$

$$ {a_{ij}}^{a_2}=a_{ij},\quad i=1,2,\cdots,n-1;j=2,3,\cdots,n $$

所以 ${a_1}^{{a_2}^{m_2}}=a_1$,${a_{ij}}^{{a_2}^{m_2}}=a_{ij}$,$a_2$ 诱导 A_1 的一个 m_2 阶自同构.

设 $A_2=\langle A_1,a_2\rangle=A_1\rtimes\langle a_2\rangle=\langle a_1\rangle\times\langle a_2\rangle\times\langle a_{13}\rangle\times\cdots\times\langle a_{1n}\rangle\times\langle a_{23}\rangle\times\cdots\times\langle a_{n-1,n}\rangle$,其中:$o(a_1)=m_1$,$o(a_2)=m_2$,$o(a_{ij})=m_j$,$i=1,2,\cdots,n-1$;$j=3,\cdots,n$;$i<j$,在 A_2 中规定映射:

$$ {a_1}^{a_3}=a_1a_{13} $$

$$ {a_2}^{a_3}=a_2a_{23} $$

$$ {a_{ij}}^{a_3}=a_{ij},\quad i=1,2,\cdots,n-1;j=3,\cdots,n $$

所以 ${a_1}^{{a_3}^{m_3}}=a_1$,${a_2}^{{a_3}^{m_3}}=a_2$,${a_{ij}}^{{a_3}^{m_3}}=a_{ij}$,$a_3$ 诱导 A_2 的一个 m_3 阶自同构;同样可依次添加元素 $a_4,a_5,\cdots,a_n$,其中 a_i 诱导 m_i 阶自同构,便可得到 H.

交换群的情形在上面定理中已给出结论,下面考虑 $p=2$ 的 Dedekind p 群是否是 capable 群.

定理 3.2.2　设群 G 是非交换的 Dedekind 2 群,则不存在群 H,使得 $H/Z(H)\cong G$.

证明　设 $G=Q_8\times C_2^n=Q_8\times\langle c_1\rangle\times\langle c_2\rangle\times\cdots\times\langle c_s\rangle$,$s\geqslant 0$,$Q_8=\langle a,b\rangle$,若存在群 H,使得 $H/Z(H)\cong G$,可设 $H=\langle a,b,c_1,\cdots,c_s,Z(H)\rangle$. 由于 $b^2=a^2z$,$z\in$

$Z(H)$，$c_i^2\in Z(H)$，$[c_i,b]\in Z(H)$，$i=1,2,\cdots,s$，则$[b^2,a]=[a^2z,a]=1$，$[b^2,c_i]=[b,c_i]^2=[b,c_i^2]=1$，所以 $b^2\in Z(H)$，矛盾.

3.3 附 注

3.1 节的主要内容可在参考文献[4]中查到，定理 3.2.1 和定理 3.2.2 的主要内容可在参考文献[24]中查到。

第4章 亚循环的capable群

4.1 相关定义和结果

F. Rudolf Beyl[9]在其文中给出了亚循环群是capable群的充要条件，下面是作者用不同的方法给出的与F. Rudolf Beyl一致的结果.

定义4.1.1 称群G为亚循环群，如果它有循环正规子群$A=\langle a\rangle$，使得商群G/A亦为循环群.

引理4.1.1[1-2] 设G是亚循环p群，p为奇素数，则

$$G=\langle a,b \mid a^{p^{r+s+u}}=1, b^{p^{r+s+t}}=a^{p^{r+s}}, a^b=a^{1+p^r}\rangle$$

其中r,s,t,u是非负整数且满足$r\geqslant 1, u\leqslant r$，对于参数$r,s,t,u$的不同取值，对应的亚循环群互不同构.

引理4.1.2[3] 设G是亚循环2群，则G是以下群之一：

（Ⅰ）G有一个循环极大子群，则G是二面体群、半二面体群、广义四元数群或一般亚循环群$G=\langle a,b\mid a^{2^n}=1,b^2=1,a^b=a^{1+2^{n-1}}\rangle, n\geqslant 3$.

此时，G可裂的充分必要条件是G不是广义四元数群.

接下来假设G没有循环极大子群，有以下两种情况：

（Ⅱ）通常的亚循环2群：$G=\langle a,b\mid a^{2^{r+s+u}}=1, b^{2^{r+s+t}}=a^{2^{r+s}}, a^b=a^{1+2^r}\rangle$，其中$r,s,t,u$是非负整数且$r\geqslant 2, u\leqslant r$.

此外，$Z(G)=\langle a^{2^{s+u}}, b^{2^{s+u}}\rangle$，且$G$可裂的充分必要条件是$stu=0$.

（Ⅲ）特殊亚循环2群：$G=\langle a,b\mid a^{2^{r+s+v+t'+u}}=1, b^{2^{r+s+t}}=a^{2^{r+s+v+t'}}, a^b=a^{-1+2^{r+v}}\rangle$，其中$r,s,v,t,t',u$是非负整数且$r\geqslant 2, t'\leqslant r, u\leqslant 1, tt'=sv=tv=0$，而且若$t'\geqslant r-1$，则$u=0$.

此外，G可裂的充分必要条件是$u=0$.

不同类型的群互不同构，同一种类型但参数具有不同值的群互不同构.

定理4.1.1 设$|G|=p^n$，G有p^{n-1}阶循环子群$\langle a\rangle$，则G只有下述7种类型：

(1) p^n阶循环群：$G=\langle a\rangle, a^{p^n}=1, n\geqslant 1$.

(2) (p^{n-1},p)型交换群：$G=\langle a,b\rangle a^{p^{n-1}}=b^p=1, [a,b]=1, n\geqslant 2$.

(3) $p\neq 2, n\geqslant 3, G=\langle a,b\rangle$，有定义关系：

$$a^{p^{n-1}}=1,\quad b^p=1,\quad b^{-1}ab=a^{1+p^{n-2}}$$

(4) 广义四元数群：$p=2,n\geqslant 3,G=\langle a,b\rangle$，有定义关系：

$$a^{2^{n-1}}=1,\quad b^2=a^{2^{n-2}},\quad b^{-1}ab=a^{-1}$$

(5) 二面体群：$p=2,n\geqslant 3,G=\langle a,b\rangle$，有定义关系：

$$a^{2^{n-1}}=1,\quad b^2=1,\quad b^{-1}ab=a^{-1}$$

(6) $p=2,n\geqslant 4,G=\langle a,b\rangle$，有定义关系：

$$a^{2^{n-1}}=1,b^2=1,b^{-1}ab=a^{1+2^{n-2}}$$

(7) 半二面体群：$p=2,n\geqslant 4,G=\langle a,b\rangle$，有定义关系：

$$a^{2^{n-1}}=1,\quad b^2=1,\quad b^{-1}ab=a^{-1+2^{n-2}}$$

4.2 亚循环群的 capable 性质研究

命题 4.2.1 设群 G 有两个不同的循环子群 A,B，使得 $G=AB$ 且 $A\cap B>\{1\}$，则群 G 不是 capable 群.

证明 若 G 是 capable 群，即存在群 H，使得 $H/Z(H)\cong G$，则可设 $H/Z(H)=M/Z(H)\cdot N/Z(H)$，且 $(M/Z(H))\cap(N/Z(H))>1$，所以 $M\cap N>Z(H)$. 又 $M/Z(H)$ 循环，$N/Z(H)$ 循环，故 M,N 交换，由 $H=MN$ 可得 $M\cap N\leqslant Z(H)$，矛盾.

推论 4.2.1 设 p^n 阶群 G 有循环极大子群，若群 G 是 capable 群，则 $G=D_{2^n}$.

证明 由命题 4.2.1 可得结论.

定理 4.2.1 设 p 为奇素数，亚循环 p 群 $G=\langle a,b\mid a^{p^{r+s+u}}=1,b^{p^{r+s+t}}=a^{p^{r+s}},a^b=a^{1+p^r}\rangle$，其中 r,s,t,u 为非负整数，且 $r\geqslant 1,u\leqslant r$，则群 G 是 capable 群当且仅当 $u=t=0$.

证明 $\Rightarrow$：若 $u\neq 0$，则 $G=\langle a\rangle\langle b\rangle$，且 $\langle a\rangle\cap\langle b\rangle>1$，由命题 4.1.1 可得 G 不是 capable 群，与假设矛盾，所以 $u=0$.

若 $u=0$，但 $t\neq 0$，则 $G=\langle a,b\mid a^{p^{r+s}}=1,b^{p^{r+s+t}}=1,a^b=a^{1+p^r}\rangle$.

当 $s=0$ 时，G 为交换群，由上节交换群的结果可知群 G 不是 capable 群，与假设矛盾.

当 $s\neq 0$ 时，因为 $t\neq 0$，所以 G 不是亚循环群的中心商群. 设存在非亚循环群 $H=\langle a,b\mid a^{p^{r+s+k}}=1,b^{p^{r+s+t+l}}=a^{p^{r+s}},a^b=a^{1+p^r}\rangle,k>0,l>0$，使得 $H/Z(H)\cong G$，因为 H 不是亚循环群，故 $k>r$，但由于 $H/Z(H)\cong G$，所以 $a^{p^{r+s}}\in Z(H)$，$(a^{p^{r+s}})^b=(a^b)^{p^{r+s}}=(a^{1+p^r})^{p^{r+s}}=1$，由此可得 $k\leqslant r$，矛盾.

所以 $u=t=0$.

$\Leftarrow$：若 $u=t=0$，则 $G=\langle a,b\mid a^{p^{r+s}}=1,b^{p^{r+s}}=1,a^b=a^{1+p^r}\rangle$.

当 $s=0$ 时，G 为交换群，由上节交换群的结果可知 G 是 capable 群.

当 $s\neq0$ 时，存在亚循环群 $H=\langle a,b\mid a^{p^{r+s+r}}=1,b^{p^{r+s+k}}=1,a^b=a^{1+p^r}\rangle,k>0$，使得 $H/Z(H)\cong G$.

定理 4.2.2　设群 G 为亚循环 2 群，

(1) G 为引理 4.1.2 中所述(Ⅰ)时，G 是 capable 群当且仅当 $G=D_{2^n}$.

(2) G 为引理 4.1.2 中所述(Ⅱ)时，G 是 capable 群当且仅当 $u=t=0$.

(3) G 为引理 4.1.2 中所述(Ⅲ)时，G 是 capable 群当且仅当 $u=t=0$ 且 $t'=r-1$.

证明　(1) 由推论 4.2.1 可得.

(2) 同于定理 4.2.1 的证明.

(3) ⇒：若 $u=0$，则 $G=\langle a\rangle\langle b\rangle$，且 $\langle a\rangle\cap\langle b\rangle>1$，由命题 4.4.1 可得 G 不是 capable 群，与假设矛盾，所以 $u=0$.

若 $u=0$，但 $t\neq0$，则因为 $tt'=tv=sv=0$，所以 $v=t'=0$.

当 $s\neq0$ 时，$G=\langle a,b\mid a^{2^{r+s}}=1,b^{2^{r+s+t}}=1,a^b=a^{-1+2^r}\rangle$ 不是亚循环群的中心商群. 设存在非亚循环群 $H=\langle a,b\mid a^{2^{r+s+k}}=1,b^{2^{r+s+t+l}}=1,a^b=a^{-1+2^r}\rangle,k>0,l>0$，使得 $H/Z(H)\cong G$. 因为 G 不是亚循环群，故 $r+s+k-r>r+s+t+l$，即 $k>r+t+l$. 又因为 $b^{2^{r+s+t}}\in Z(G)$，所以 $a^{b^{2^{r+s+t}}}=a^{(-1+2^r)^{2^{r+s+t}}}=a,r+s+t+r\geqslant r+s+k$，$t+r\geqslant k$，矛盾.

当 $s=0$ 时，$G=\langle a,b\mid a^{2^r}=1,b^{2^{r+t}}=1,a^b=a^{-1}\rangle$，$G$ 是 capable 群，存在 H 使得 $H/Z(H)\cong G$，则 $H=\langle a,b,Z(H)\rangle,b^{2^{r+t}}\in Z(H)$，但 $[a^2,b]=[a,b]^2,[a,b^2]=[a,b]^2[a^{-2},b]=[a,b]^2[a,b]^{-2}=1,b^2\in Z(H)$，与 $r\geqslant2$ 矛盾.

所以 $u=t=0$.

若 $u=t=0$，但 $t'\neq r-1$，则

(i) $t'=0$，因为 $sv=0$，所以 s 与 v 至少有一个为 0.

当 $s=t'=t=0$ 时，$s+t'=0,G=\langle a,b\mid a^{2^{r+v}}=1,b^{2^r}=1,a^b=a^{-1}\rangle$，若存在群 H，使得 $H/Z(H)\cong G$，则 $H=\langle a,b,Z(H)\rangle,b^{2^r}\in Z(H)$，但 $[a^2,b]=[a,b]^2,[a,b^2]=[a,b]^2[a^{-2},b]=[a,b]^2[a,b]^{-2}=1,b^2\in Z(H)$，与 $r\geqslant2$ 矛盾.

当 $v=t'=t=0$ 时，$G=\langle a,b\mid a^{2^{r+s}}=1,b^{2^{r+s}}=1,a^b=a^{-1+2^r}\rangle$ 不是亚循环群的中心商群. 设存在非亚循环群 $H=\langle a,b\mid a^{2^{r+s+k}}=1,b^{2^{r+s+l}}=1,a^b=a^{-1+2^r}\rangle,k>0$，$l>0$，使得 $H/Z(H)\cong G$. 因为 H 不是亚循环群，故 $r+s+k-r>r+s+l$，即 $k>r+l$. 又因为 $b^{2^{r+s}}\in Z(H)$，所以 $a^{b^{2^{r+s}}}=a^{(-1+2^r)^{2^{r+s}}}=a,r+s+r\geqslant r+s+k,r\geqslant k$，故 $r\geqslant k>r+l$，矛盾.

(ii) $t'\neq0$，因为 $sv=0$，所以 s 与 v 至少有一个为 0.

当 $s=t=0,t'\neq0$ 且 $t'\neq r-1$ 时，$G=\langle a,b\mid a^{2^{r+v+t'}}=1,b^{2^r}=1,a^b=a^{-1+2^{r+v}}\rangle$ 不是亚循环群的中心商群. 设存在非亚循环群 $H=\langle a,b\mid a^{2^{r+v+t'+k}}=1,b^{2^{r+l}}=1$，

$a^b=a^{-1+2^{r+v}}\rangle$，$k>0$，$l>0$，使得 $H/Z(H)\cong G$. 因为 H 不是亚循环群，故 $r+v+t'+k-(r+v)=t'+k>r+l$. 又因为 $b^{2^r}\in Z(H)$，所以 $a^{b^{2^r}}=a^{(-1+2^{r+v})^{2^r}}=a$，$r+v+r\geqslant r+v+t'+k$，$r\geqslant t'+k$，矛盾.

当 $v=t=0$，$t'\neq 0$ 且 $t'\neq r-1$ 时，$G=\langle a,b\mid a^{2^{r+s+t'}}=1,b^{2^{r+s}}=1,a^b=a^{-1+2^r}\rangle$ 不是亚循环群的中心商群. 设存在非亚循环群 $H=\langle a,b\mid a^{2^{r+s+t'+k}}=1,b^{2^{r+s+l}}=1,a^b=a^{-1+2^r}\rangle$，$k>0$，$l>0$，使得 $H/Z(H)\cong G$. 因为 H 不是亚循环群，故 $r+s+t'+k-r=s+t'+k>r+s+l$，即 $t'+k>r+l$. 又因为 $b^{2^{r+s}}\in Z(H)$，所以 $a^{b^{2^{r+s}}}=a^{(-1+2^r)^{2^{r+s}}}=a$，$r+s+r\geqslant r+s+t'+k$，$r\geqslant t'+k$，矛盾.

所以 $u=t=0$ 且 $t'=r-1$.

$\Leftarrow$：若 $u=t=0$ 且 $t'=r-1$，则 $G=\langle a,b\mid a^{2^{r+s+v+(r-1)}}=1,b^{2^{r+s}}=1,a^b=a^{-1+2^{r+v}}\rangle$，$r\geqslant 2$，$s\geqslant 0$，$v\geqslant 0$，取亚循环群 $H=\langle a,b\mid a^{2^{r+s+v+r}}=1,b^{2^{r+s+l}}=1,a^b=a^{-1+2^{r+v}}\rangle$，$r\geqslant 2$，$s\geqslant 0$，$v\geqslant 0$，$l>0$，$Z(H)=\langle a^{2^{r+s+v+(r-1)}}\rangle\langle b^{2^{r+s}}\rangle$，$H/Z(H)\cong G$，结论得证.

4.3 附 注

4.1 节的主要内容可在参考文献[4]中查到，定理 4.2.1 和定理 4.2.2 的主要内容可在参考文献[25]中查到。

第 5 章　内交换的 capable 群

5.1　相关定义和结果

Baer 和 F. Rudolf Beyl[6,9] 在其文中给出了交换群及亚循环群是 capable 群的充要条件，对内交换 p 群的情形，本节得到了内交换的 capable 群.

定义 5.1.1　称群 G 为内交换群，如果 G 的每个真子群都是交换群，但它本身不是交换群.

引理 5.1.1[26]　设 G 是内交换 p 群，则 G 是以下群之一：

(1) Q_8；

(2) $\langle a,b \mid a^{p^m}=b^{p^n}=1, a^b=a^{1+p^{m-1}}\rangle, m\geqslant 2, n\geqslant 1$；(亚循环)

(3) $\langle a,b,c \mid a^{p^m}=b^{p^n}=c^p=1, [a,b]=c, [c,a]=[c,b]=1\rangle$，若 $p=2, m+n\geqslant 3$.(非亚循环)

引理 5.1.2[14]　设 $p>2$，G 是二元生成的有限 p 群，且 $c(G)=2$，则 G 同构于下列群之一：

(1) $G\cong(\langle c\rangle\times\langle a\rangle)\rtimes\langle b\rangle$，其中 $[a,b]=c, [a,c]=[b,c]=1, o(a)=p^\alpha, o(b)=p^\beta, o(c)=p^\gamma$，其中 α,β,γ 为整数，且 $\alpha\geqslant\beta\geqslant\gamma\geqslant 1$.

(2) $G\cong\langle a\rangle\rtimes\langle b\rangle$，其中 $[a,b]=a^{p^{\alpha-\gamma}}, o(a)=p^\alpha, o(b)=p^\beta, o([a,b])=p^\gamma$，其中 α,β,γ 为整数，且 $\alpha\geqslant\beta, \alpha\geqslant 2\gamma, \beta\geqslant\gamma\geqslant 1$.

(3) $G\cong(\langle c\rangle\times\langle a\rangle)\rtimes\langle b\rangle$，其中 $[a,b]=a^{p^{\alpha-\gamma}}c, [c,b]=a^{-p^{2(\alpha-\gamma)}}c^{-p^{\alpha-\gamma}}, o(a)=p^\alpha, o(b)=p^\beta, o(c)=p^\sigma, o([a,b])=p^\gamma$，其中 $\alpha,\beta,\gamma,\sigma$ 为整数，且 $\gamma>\sigma\geqslant 1, \alpha+\sigma\geqslant 2\gamma, \alpha\geqslant\beta, \beta\geqslant\gamma$.

引理 5.1.3[15]　设 $p>2$，G 是二元生成的有限 p 群，且 $c(G)=2$，则 G 是 capable 群当且仅当 G 为引理 5.1.2 中的情形(1)或(2)，且 $\alpha=\beta$.

引理 5.1.4[18]　设 G 是亚交换群，$a\in G, c\in G', n$ 为正整数，则 $[c^n,a]=[c,a]^n$.

引理 5.1.5[18]　设 G 是亚交换群，$a,b\in G$. 对于任意的正整数 i,j，设

$$[ia,jb]=[a,b,\underbrace{a,\cdots,a}_{i-1},\underbrace{b,\cdots,b}_{j-1}]$$

则对于任意的正整数 m,n，

$$[a^m,b^n]=\prod_{i=1}^{m}\prod_{j=1}^{n}[ia,jb]^{\binom{m}{i}\binom{n}{j}}$$

5.2 内交换群的capable性质研究

定理 5.2.1 内交换 p 群 G 是 capable 群当且仅当 G 是下列群之一：

1. G 为亚循环群：

(1) 当 $p>2$ 时，

$$G=\langle a,b \mid a^{p^m}=b^{p^m}=1, a^b=a^{1+p^{m-1}}\rangle,\quad m\geqslant 2$$

(2) 当 $p=2$ 时，

(i) $G=\langle a,b \mid a^{2^m}=b^{2^m}=1, a^b=a^{1+2^{m-1}}\rangle, m>2$；

(ii) $G=\langle a,b \mid a^{2^2}=b^2=1, a^b=a^{-1}\rangle=D_8$.

2. G 为非亚循环群：

(1) 当 $p>2$ 时，

$$G=\langle a,b \mid a^{p^m}=b^{p^m}=c^p=1, [a,b]=c, [a,c]=[b,c]=1\rangle$$

(2) 当 $p=2$ 时，

(i) $G=\langle a,b \mid a^{2^m}=b^{2^m}=c^2=1, [a,b]=c, [a,c]=[b,c]=1\rangle, m>1$；

(ii) $G=\langle a,b \mid a^{2^2}=b^2=c^2=1, [a,b]=c, [a,c]=[b,c]=1\rangle$.

证明 内交换 p 群只能为引理 5.1.1 中的情形. 下面研究引理 5.1.2 中的所有的内交换 p 群.

首先，由命题 4.2.1 可得 Q_8 不是 capable 群. 下面分亚循环群和非亚循环群两种情形来讨论.

1. 亚循环的内交换 p 群

$G=\langle a,b \mid a^{p^m}=b^{p^n}=1, a^b=a^{1+p^{m-1}}\rangle, m\geqslant 2, n\geqslant 1$.

(1) 当 $p>2$ 时，由亚循环群的结果可得：只有 $G=\langle a,b \mid a^{p^m}=b^{p^m}=1, a^b=a^{1+p^{m-1}}\rangle (m\geqslant 2)$ 是 capable 群.

(2) 当 $p=2$ 时，因为 $m\geqslant 2$，下面分 $m=2$ 和 $m>2$ 两种情形证明.

(i) $m=2$

当 $n=1$ 时，G 为 D_8，由定理 4.2.2 可知 G 是 capable 群. 当 $n\geqslant 2$ 时，G 是引理 4.1.2 中 $r=2, t=n-2, s=t'=v=u=0$ 的特殊亚循环 2 群，$t'\neq r-1$，由定理 4.2.2 可知 G 不是 capable 群.

(ii) $m>2$

当 $n=1$ 时，G 是有一个循环极大子群的亚循环 2 群，据定理 4.2.2 可知 G 不是 capable 群. 当 $n\geqslant 2$ 时，G 是通常的亚循环 2 群，只有 $G=\langle a,b \mid a^{2^m}=b^{2^m}=1, a^b=a^{1+2^{m-1}}\rangle (m>2)$ 是 capable 群.

2. 非亚循环的内交换 p 群

$G=\langle a,b,c \mid a^{p^m}=b^{p^n}=c^p=1,[a,b]=c,[c,a]=[c,b]=1\rangle$，若 $p=2, m+n\geqslant 3$，则

(1) 当 $p>2$ 时，由引理 5.1.3 可得：只有 $G=\langle a,b \mid a^{p^m}=b^{p^m}=c^p=1,[a,b]=c,[a,c]=[b,c]=1\rangle$ 是 capable 群.

(2) 当 $p=2$ 时，因为 $m+n>2$，所以 m,n 至少有一个大于 1.

(i) $m>1, n>1$

$\Rightarrow$：假设 $m\neq n$，不妨设 $m>n$，若存在群 H，使得 $H/Z(H)\cong G=\langle \bar{a},\bar{b}\rangle$，则 $H=\langle a,b,Z(H)\rangle$，$c(H)=3$，且 H 亚交换. 由于 b^{2^n} 及 c^2 在中心中，所以 $1=[a, b^{2^n}]=[a,b]^{2^n}[[a,b],b]^{\binom{2^n}{2}}=[a,b]^{2^n}\left[(c)^{\binom{2n}{2}},b\right]=[a,b]^{2^n}$，故 $[a^{2^n},b]=[a,b]^{2^n}\left[(cz)^{\binom{2n}{2}},a\right]=[a,b]^{2^n}=1$，即 a^{2^n} 与 b 交换，$a^{2^n}\in Z(H)$，但 $n<m$，矛盾于 $\bar{a}^{2^m}=\bar{1}$，所以 $m=n$.

$\Leftarrow$：当 $m=n$ 时，如下构造 H，设

$$A=\langle a\rangle\times\langle c\rangle\times\langle e\rangle\cong C_{2^m}\times C_{2^m}\times C_2$$

令映射 σ：$\begin{cases} a\to ac \\ c\to ce \\ e\to e\end{cases}$，再把它扩充到整个 A 上，易证 σ 是 A 的 2^m 阶自同构. 令 $H=A\rtimes\langle b\rangle$，$o(b)=2^m$，且 b 在 A 上的作用与 σ 相同，于是 $H=\langle a,b \mid a^{2^m}=b^{2^m}=c^{2^m}=e^2=1,[a,b]=c,[b,c]=e,[a,c]=[e,a]=[e,b]=[e,c]=1\rangle$ 是 2^{3m+1} 阶群，因为 $c^a=c,(c^2)^b=c^2$，所以 $c^2\in Z(H)$，且中心 $Z(H)=\langle c^2,e\rangle$ 是 2^m 阶群，同时成立 $H/Z(H)\cong G$.

(ii) $m>1$ 且 $n=1$

$\Rightarrow$：假设 $m\geqslant 3$，若 G 是 capable 群，即存在群 H，使得 $H/Z(H)\cong G=\langle \bar{a},\bar{b}\rangle$，则 $H=\langle a,b,Z(H)\rangle$ 亚交换. 因为 b^2 及 $[b,c]$ 属于中心，所以 $[b,c]^2=[b^2,c]=1$，$[b,c]$ 是 2 阶元，且有 $1=[a,b^2]=[a,b]^2[a,b,b]=[a,b]^2[c,b]$，进而可得 $1=[a,b]^4[c,b]^2=[a,b]^4$. 又因为 c^2 在中心里，所以有 $[a^4,b]=[a,b]^4\left[[a,b]^{\binom{4}{2}},a\right]=[a,b]^4=1$，即 $a^4\in Z(H)$，矛盾. 故 $m=2$.

$\Leftarrow$：$m=2, n=1$，则 $G=\langle a,b \mid a^4=b^2=c^2=1,[a,b]=c,[a,c]=[b,c]=1\rangle$，存在 2^5 群 $H=\langle a,b \mid a^4=b^2=c^2=e^2=1,[a,b]=c,[a,c]=e,[b,c]=[e,a]=[e,b]=[e,c]=1\rangle$，中心 $Z(H)$ 是 p 阶循环群 $\langle e\rangle$，且有 $H/Z(H)\cong G$.

5.3 附 注

5.1 节的主要内容可在参考文献[14-15,18,26]中查到,定理 5.2.1 的主要内容可在参考文献[27]中查到。

第 6 章　内亚循环的 capable 群

6.1　相关定义和结果

定义 6.1.1　称群 G 为内亚循环群，如果 G 的每个真子群都是亚循环群，但它本身不是亚循环群.

引理 6.1.1[28]　设 G 为内亚循环 p 群，则 G 有下列互不同构类型：

(1) p^3 阶初等交换群：$G=C_p^3$；

(2) $p>2$，方次数为 p 的 p^3 阶非交换群：$G=\langle a,b,c \mid a^p=b^p=c^p=1,[a,b]=c,[a,c]=[b,c]=1\rangle$；

(3) $p=3$，3^4 阶极大类群：$G=\langle a,b,c \mid a^9=b^3=c^3=1,[a,b]=1,[a,c]=b,[c,b^{-1}]=a^{-3}\rangle$；

(4) $p=2$，2^4 阶群 $G=C_2\times Q_8$ 或 $C_4 * Q_8$；

(5) $p=2$，2^5 阶群 $G=\langle a,b,c \mid a^4=b^4=1,c^2=a^2b^2,[a,c]=a^2,[b,c]=c^2,[a,b]=1\rangle$.

定义 6.1.2　设群 G 为 p 群.

(1) 称 G 为特殊的，如果 G 满足以下条件之一：

(i) 若 G 为初等交换群；

(ii) $\Phi(G)=G'=Z(G)$ 是初等交换的.

(2) 称非交换的特殊 p 群 G 为超特殊的，如果 G 又满足 $|Z(G)|=p$.

引理 6.1.2[9]　设 G 是超特殊 p 群，则 G 是 capable 群当且仅当 $G\cong D_8$，或 $G\cong M_{p^3}$，其中 M_{p^3} 为 p^3 阶方次数为 p 的非交换群.

引理 6.1.3[11]　四元数群 $Q_{2^n}(n>2)$ 和半二面体群 $SD_{2^n}(n>3)$ 不能是 capable 群的正规子群.

6.2　内亚循环群的 capable 性质研究

定理 6.2.1　内亚循环 p 群 G 是 capable 群当且仅当 G 是下列群之一：

(1) p^3 阶初等交换群：$G=C_p^3$；

(2) $p>2$，方次数为 p 的 p^3 阶非交换群：$G=\langle a,b,c \mid a^p=b^p=c^p=1,[a,b]=c,[a,c]=[b,c]=1\rangle$；

(3) $p=3$，3^4 阶极大类群：$G=\langle a,b,c \mid a^9=b^3=c^3=1,[a,b]=1,[a,c]=b,$

$[c,b^{-1}]=a^{-3}\rangle$.

证明 因为 G 是内亚循环 p 群，由引理 6.1.1 可知，G 只有 5 种类型. 对引理 6.1.1 中的群进行考察. 当 G 为(1)时，由定理 2.2.1 可知 G 是 capable 群；当 G 为(2)时，G 是超特殊 p 群，据引理 6.1.2 可得 G 是 capable 群；当 G 为(3)时，考虑 3^6 阶群 $H=\langle a,b \mid a_1{}^9=a_2{}^9=b^9=c^3=1,[a_1,b]=a_2,[a_2,b]=a_3,[a_1,a_2]=c,[c,a_1]=[c,a_2]=1,a_3=a_1{}^{-3}a_2{}^{-3},b^3=c\rangle$，据定义关系计算可得 $Z(H)=\langle a_2{}^3,c\rangle$ 是 p^2 阶群，$H/Z(H)\cong G$. 当 G 为(4)时，有 $Q_8 \trianglelefteq G$，所以由引理 6.1.3 可知，G 不是 capable 群；当 G 为(5)时，即 $G=\langle a,b,c \mid a^4=b^4=1,c^2=a^2b^2,[a,c]=a^2,[b,c]=c^2,[a,b]=1\rangle$，若存在群 H，使得 $H/Z(H)\cong G=\langle \bar{a},\bar{b},\bar{c}\rangle$，设 $H=\langle a,b,c,Z(H)\rangle$. 因为 a^4 在中心里，所以 $[a,c^2]=[a,c]^2[a^2,c]=[a,c]^4=[a^4,c]=1$，即 c^2 与 a 交换. 又因为 $[a,b]$ 及 $\bar{c}^2=\bar{a}^2\bar{b}^2$ 属于中心，所以 $[b,c^2]=[b,a^2]=[b,a]^2=[b^2,a]=[a^2b^2,a]=[c^2,a]=1$，$c^2$ 与 b 交换. 故 $c^2\in Z(H)$，矛盾，G 不是 capable 群.

6.3 附 注

6.1 节的主要内容可在参考文献[9,11,18,28]中查到，定理 6.2.1 的主要内容可在参考文献[20]中查到。

第 7 章　$p^n(n\leqslant 4)$ 阶 capable 群

7.1　相关定义和结果

由于 p 与 p^2 阶群皆交换，前面交换群的结论已可知，所以下面只讨论 p^3 与 p^4 阶群.

引理 7.1.1[18]　设 G 是有限 p 群.

(1) 若 $c(G)<p$，则 G 正则.

(2) 若 $|G|\leqslant p^p$，则 G 正则.

(3) 若 $p>2$ 且 G' 循环，则 G 正则.

(4) 若 $\exp(G)=p$，则 G 正则.

引理 7.1.2[18]　设 G 是有限正则 p 群，$a,b\in G$，s,t 为非负整数，则

$$[a^{p^s},b^{p^t}]=1\Leftrightarrow[a,b]^{p^{s+t}}=1$$

引理 7.1.3[29]　设 G 是 p^3 阶群，则 G 是下列群之一：

(1) 交换群 C_{p^3}，$C_{p^2}\times C_p$ 或 C_p^3.

(2) 非交换群：

(i) $p=2$.

(a) $\langle a,b\mid a^4=b^2=1,\quad b^{-1}ab=a^3\rangle\cong\Delta_8$；(二面体群)

(b) $\langle a,b\mid a^4=1,b^2=a^2,b^{-1}ab=a^3\rangle\cong Q_8$.(四元数群)

(ii) $p\neq 2$.

(a) $\langle a,b\mid a^{p^2}=b^p=1,b^{-1}ab=a^{1+p}\rangle:=M_{p^3}$；(亚循环群)

(b) $\langle a,b,c\mid a^p=b^p=c^p=1,[a,b]=c,[a,c]=[b,c]=1=M_p(1,1,1).\rangle$(非亚循环群)

定理 7.1.1　设群 G 为 p^3 阶群，则 G 是 capable 群当且仅当 G 为下列群之一：

(1) $G=Z_p\times Z_p\times Z_p$；

(2) $G=D_8$；

(3) $G=M_{p^3}$，其中 M_{p^3} 为 p^3 阶方次数为 p 的非交换群.

证明　对于交换群的情形，由交换群的结果可得结论. 对于 p^3 阶非交换群的情形，它们皆为超特殊 p 群，据引理 6.1.2 可得上述结论.

引理 7.1.4[15]　设 $p>2$，有限 p 群 $G=\langle a_1,a_2,\cdots,a_k\rangle$，其中 $\{a_1,a_2,\cdots,a_k\}$ 为 G 的极小生成系，$o(a_i)=p^{\alpha_i}$，$\alpha_i\geqslant\alpha_{i+1}$，$i=1,2,\cdots,k-1$，且 $c(G)=2$，若 G 是 capable 群，则 $\alpha_1=\alpha_2$.

对任意给定素数 $p>2$，总存在群 G 满足 $c(G)=2$ 且 $\alpha_1=\alpha_2$，但 G 不是 capable 群.

7.2 $p^n(n\leqslant 4)$阶群的 capable 性质研究

定理 7.2.1 设群 G 为 p^4 阶群，则 G 是 capable 群当且仅当 G 同构于下列群之一：

1. G 为交换群

(1) $G=\langle a,b\mid a^{p^2}=b^{p^2}=1,[a,b]=1\rangle\cong C_p^2\times C_p^2$；

(2) $G=C_p^4$.

2. G 为非交换群($p=2$)

(3) 二面体群 $G=\langle a,b\mid a^{2^3}=b^2=1,b^{-1}ab=a^{-1}\rangle$；

(4) $G=D_8\times C_2$；

(5) $G=\langle a,b,c\mid a^4=b^2=c^2=1,[a,b]=c,[a,c]=[b,c]=1\rangle$.

3. G 为非交换群($p>2$)

(6) $G=\langle a,b\mid a^{p^2}=b^{p^2}=1,b^{-1}ab=a^{1+p}\rangle$；

(7) $G=M\times C_p$，其中 M 是 p^3 阶非交换群且 $\exp M=p$；

(8) $G=\langle a,b,c,d\mid a^p=b^p=c^p=d^p=1,[c,d]=b,[b,d]=a,[a,b]=[a,c]=[a,d]=[b,c]=1\rangle$，其中 $p>3$；

(9) $G=\langle a,b,c\mid a^9=b^3=c^3=1,[a,b]=1,[a,c]=b,[c,b^{-1}]=a^{-3}\rangle$.

证明 对附录 A 里的群逐个检查.

1. G 为交换群

由交换的 capable 群可知，G 为群(3)或群(5)时，G 是 capable 群.

2. G 为非交换群，$p=2$

群(6)～群(9)及群(11)为亚循环群，由定理 4.2.2 可知，群(7)是 capable 群；群(10)为 $D_8\times Z_2$，由命题 2.2.4 可知其是 capable 群；群(14)为非亚循环的内交换群，由定理 5.2.1 亦可知其是 capable 群；群(12)和群(13)中均有 $Q_8\trianglelefteq G$，故由引理 6.1.3 可知它们不是 capable 群.

3. G 非交换，$p>2$.

群(8)为亚循环群，由定理 4.2.2 可知是 capable 群；群(14)为 $M\times Z_p$，其中 M 是方次数为 p 的 p^3 阶非交换群，由引理 2.2.4 及定理 2.2.1 可知其是 capable 群；群(16)为内亚循环群，由定理 6.2.1 可知它是 capable 群；群(15)，$G=\langle a,b,c,d\mid a^p=b^p=c^p=d^p=1,[c,d]=b,[b,d]=a,[a,b]=[a,c]=[a,d]=[b,c]=1\rangle$，其中 $p>3$，考虑 p^5 阶群 $H=\langle a,b,c,d,e\mid a^p=b^p=c^p=d^p=e^p=1,[c,d]=b,[b,d]=$

$a,[d,a]=e,[c,b]=[a,b]=[a,c]=[e,a]=[e,b]=[e,c]=[e,d]=1\rangle$，由定义关系可知，$a,b,c,d$ 皆不属于中心，$Z(H)=\langle e\rangle$，且 $H/Z(H)\cong G$，故 G 是 capable 群.

其余情形，下面可以证明它们均不是 capable 群.

群(6)和群(10)为内交换群，由定理 5.2.1 可知，它们不是 capable 群；群(7)和群(9)为类 2 群，由引理 7.1.4 可得它们不是 capable 群.

对于群(11)，当 $p\geqslant 5$ 时，若存在 p 群 H，使得 $H/Z(H)\cong G$，则 $c(H)=4<p$，H 正则，由命题 2.2.6 可得 G 不是 capable 群.

当 $p=3$ 时，$G=\langle a,b,c\mid a^{3^2}=b^3=c^3=1,[a,b]=a^3,[a,c]=b,[b,c]=1\rangle$，若存在群 H，使得 $H/Z(H)\cong G=\langle \bar{a},\bar{b},\bar{c}\rangle$，则可设 $H=\langle a,b,c,Z(H)\rangle$. 所以有 $a^9\in Z(H)$，$b^3\in Z(H)$，$c^3\in Z(H)$，$[a,c]=bz_1$，$[a,b]=a^3z_2$，$z_1\in Z(H)$，$z_2\in Z(H)$，$[a,b]^3\in Z(H)$，$[b,c]\in Z(H)$，由换位子计算可得：$[a^3,b]=[a,b]^3=[a,b^3]=1$，且 $[a^3,c]=[a,c]^3=[a,c^3]=1$，所以 a^3 与 b,c 皆交换，$a^3\in Z(H)$，矛盾，故 G 不是 capable 群.

对于群(12)和群(13)，$G=\langle a,b,c\mid a^{p^2}=b^p=1,c^p=a^{\alpha p},[a,b]=a^p,[a,c]=b,[b,c]=1\rangle$，其中 $\alpha=1$ 或为一个模 p 的平方非剩余.

若存在群 H，使 $H/Z(H)\cong G=\langle \bar{a},\bar{b},\bar{c}\rangle$，可设 $H=\langle a,b,c,Z(H)\rangle$，所以由 $c^p=a^{\alpha p}z$，$z\in Z(H)$ 可得 $[c^p,a]=[a^{\alpha p}z,a]=1$，又 b^p 与 $[b,c]$ 在中心里，所以有 $[c^p,b]=[c,b]^p=[c,b^p]=1$，即 c^p 与 a,b 皆交换，$c^p\in Z(H)$，矛盾，所以群(11)～群(13)不是 capable 群.

综上所述，G 为交换群时，群(3)和群(5)是 capable 群. G 为非交换群时，当 $p=2$ 时，群(7)、群(10)和群(14)是 capable 群；$p>2$ 时，群(8)、群(14)～群(16)是 capable 群. 进一步地，交换群(3)和群(5)是定理 7.2.1 中的(1)和(2)型群. 当 $p=2$ 时，非交换群(7)、群(10)和群(14)是定理 7.2.1 中的(3)～(5)型群；当 $p>2$ 时，非交换群(8)、群(14)～群(16)是定理 7.2.1 中的(6)～(9)型群.

7.3 附　注

7.1 节的主要内容可在参考文献[15,18,29]中查到，定理 7.2.1 的主要内容可在参考文献[19]中查到。

第 8 章　一些 capable 3 群

8.1　相关定义和结果

引理 8.1.1[6]　设 A 是有限生成交换群，$A=Z_{n_1}\times Z_{n_2}\times\cdots\times Z_{n_k}$，其中 $n_i\mid n_{i+1}$，$n=0$ 时，$Z_n=Z$ 为无限循环群，则 A 是 capable 群当且仅当 $k\geqslant 2$，且 $n_{k-1}=n_k$.

引理 8.1.2[29]　设 G 是群，$a,b,c\in G$，则

(1) $[a^c,b^c]=[a,b]^c$；

(2) $[ab,c]=[a,c]^b[b,c]=[a,c][a,c,b][b,c]$；

(3) $[a,bc]=[a,c][a,b]^c=[a,c][a,b][a,b,c]$.

引理 8.1.3[29]　设 G 是有限群，$a,b\in G$，且 $[a,b]\in Z(G)$. 又设 n 为正整数，则

(1) $[a^n,b]=[a,b]^n$；

(2) $[a,b^n]=[a,b]^n$；

(3) $(ab)^n=a^nb^n[b,a]^{\binom{n}{2}}$.

引理 8.1.4[18]　设 G 是有限 p 群.

(1) 若 $c(G)<p$，则 G 正则；

(2) 若 $|G|\leqslant p^p$，则 G 正则；

(3) 若 $p>2$ 且 G' 循环，则 G 正则；

(4) 若 $\exp(G)=p$，则 G 正则.

引理 8.1.5[18]　设 G 是有限正则 p 群，$a,b\in G$，s,t 为非负整数，则

$$[a^{p^s},b^{p^t}]=1\Leftrightarrow[a,b]^{p^{s+t}}=1$$

定义 8.1.1　称群 G 为亚交换的，如果 $G''=1$，这时 G' 是交换群.

引理 8.1.6[29]　设 G 是亚交换群，$a\in G$，$c\in G'$，n 为正整数，则 $[c^n,a]=[c,a]^n$.

引理 8.1.7[18]　设 G 是亚交换群，$a,b\in G$. 对于任意的正整数 i,j，设

$$[ia,jb]=[a,b,\underbrace{a,\cdots,a}_{i-1},\underbrace{b,\cdots,b}_{j-1}]$$

则对于任意的正整数 m,n，

$$[a^m,b^n]=\prod_{i=1}^{m}\prod_{j=1}^{n}[ia,jb]^{\binom{m}{i}\binom{n}{j}}$$

8.2　一些 3 群的 capable 性质研究

定理 8.2.1　若 G 为下列群之一：

(1) $\langle a,b,c,d \mid a^{3^2}=b^3=c^3=d^3=1,[a,b]=a^3,[a,c]=b,[b,c]=1,[d,a]=[d,b]=[d,c]=1\rangle$；

(2) $\langle a,b,c,d \mid a^{3^2}=b^3=1,c^3=a^{\alpha 3},[a,b]=a^3,[a,c]=b,[b,c]=1,[d,a]=[d,b]=[d,c]=1\rangle$，$(i=1$ 或 $\alpha)$，这里 α 为模 3 非二次剩余；

则 G 不是 capable 群.

证明　上述两种情形均有 $G=\langle a,b,c\rangle\times\langle d\rangle\cong G_1\times G_2$，其中 $\langle a,b,c\rangle$ 为 p^4 阶群，且分别同构于附录 A 中的群(11)～群(13). 若 G 是 capable 群，即存在群 $H\cong H_1\times H_2$，使得 $H/Z(H)\cong G$. 由定理 7.2.1 中对群(11)～群(13)的证明，可得 $a^3\in Z(H_1)$. 又因为$[a,d]$和 d^3 在中心里，所以 $1=[d^3,a]=[d,a^3]$，即 a^3 与 d 也交换. 故 a^3 在中心 $Z(H)$中，矛盾于 $\bar{a}^{3^2}=\bar{1}$，G 不是 capable 群.

定理 8.2.2　若 G 为下列群之一：

(3) $\langle a,b,c \mid a^{3^3}=c^3=1,[b,a]=c,[c,a]=a^{3^2}=b^{-3},[c,b]=1\rangle$；

(4) $\langle a,b,c \mid a^{3^3}=b^3=c^3=1,[a,b]=c,[c,a]=1,[c,b]=a^{i3^2}\rangle$，$(i=1$ 或 $\nu)$，这里 ν 为模 3 非二次剩余；

则 G 不是 capable 群.

证明　反证，若 G 是 capable 群，则可以推出矛盾.

当 G 为群(3)时，G 同构于$\langle a,b,c \mid a^{3^3}=c^3=1,[b,a]=c,[c,a]=a^{3^2}=b^{-3},[c,b]=1\rangle$；若 G 是 capable 群，即存在群 H，使得 $H/Z(H)\cong G=\langle\bar{a},\bar{b}\rangle$. 设 $H=\langle a,b,Z(H)\rangle$. 因为 c^3 及$[a^{3^2},c]=[[c,a],c]$属于中心，所以 $1=[[c,a],c^3]=[[c,a],c]^3$，进而有 $1=[c^3,a]=[c,a]^3=[c,a^3]$，$a^3$ 与 c 交换. 又因为 $a^{3^2}=b^{-3}$，故 a^{3^2} 与 b 交换，即 a^{3^2} 在中心里，矛盾于 $\bar{a}^{3^3}=\bar{1}$. G 不是 capable 群.

当 G 为群(4)时，G 同构于$\langle a,b,c \mid a^{3^3}=b^3=c^3=1,[a,b]=c,[c,a]=1,[c,b]=a^{i3^2}\rangle$，$(i=1$ 或 $\nu)$，这里 ν 为模 3 非二次剩余. 若 G 是 capable 群，即存在群 H，使得 $H/Z(H)\cong G=\langle\bar{a},\bar{b}\rangle$. 设 $H=\langle a,b,Z(H)\rangle$. 因为 c^3 及$[a,c]$属于中心，所以 $1=[a,c^3]=[a,c]^3$，$[c,a]$是 3 阶元，进而有$[b,a^3]=[b,a]^3[c,a]^3=[b,a]^3$. 又因为 b^3 属于中心，$1=[b^3,a]=[b,a]^3[c,b]^3[a^{3^2},b]=[b,a]^3[c,b]^3[a,b]^{3^2}$，而 c^3 在中心里，$1=[c^3,b]=[c,b]^3$，所以 $1=[b^3,a]=[b,a]^3[a,b]^{3^2}=[a,b]^3$，故有$[b,a^3]=1$，$a^3$ 在中心里，矛盾于 $\bar{a}^{3^3}=\bar{1}$. G 不是 capable 群.

定理 8.2.3 若 G 为群

(5) $\langle a,b,c\mid a^{3^2}=b^{3^2}=c^3=1,[a,b]=c,[c,a]=1,[c,b]=b^3\rangle$,

则 G 不是 capable 群.

证明 反证,若 G 是 capable 群,则可以推出矛盾.

若 G 是 capable 群,即存在群 H,使得 $H/Z(H)\cong G=\langle \bar{a},\bar{b}\rangle$. 设 $H=\langle a,b,Z(H)\rangle$. 因为 c^3 及$[[c,b],c]$属于中心,所以 $1=[[c,b],c^3]=[[c,b],c]^3$,$[[c,b],c]$是 3 阶元,进而有 $1=[c^3,b]=[c,b]^3[[c,b],c]^3=[c,b]^3=[c,b^3]$,$[c,b]$是 3 阶元,且$[c,b]=b^3$ 与 c 交换. 又因为$[b^a,c^a]^b=[bc^{-1},c]=[b,c]$,但$[b,c]^a=[b,c][[b,c],a]$,故$[[b,c],a]=[b^{-3},a]=1$,$b^3$ 与 a 交换. b^3 在中心里,矛盾于 $\bar{b}^{3^2}=\bar{1}$. G 不是 capable 群.

定理 8.2.4 若 G 为群

(6) $\langle a,b,c,d\mid a^{3^2}=b^3=c^3=d^3=1,[b,a]=c,[c,a]=d,[c,b]=[d,a]=[d,b]=[d,c]=1\rangle$ 或 $\langle a,b,c,d\mid a^{3^2}=c^3=d^3=1,b^3=d,[b,a]=c,[c,a]=d,[c,b]=[d,a]=[d,b]=[d,c]=1\rangle$,

则 G 是 capable 群.

证明 从 3^4 阶初等交换群出发,作循环扩张可构造出 H,满足 $H/Z(H)\cong G$.

设交换群 $A=\langle b,c,d,e\rangle\cong Z_3\times Z_3\times Z_3\times Z_3$.

令映射 σ:$\begin{cases} e\to e \\ d\to de \\ c\to cd \\ b\to bc \end{cases}$,再把它扩充到整个 A 上,易证 σ 是 A 的 3^2 阶自同构. 设$\langle a\rangle$ 是 3^2 阶循环群,且 a 在 A 上的作用与 σ 相同. 令 $H=A\rtimes\langle a\rangle$,则有 $H=\langle a,b,c,d,e\mid a^{3^2}=b^3=c^3=d^3=e^3=1,[b,a]=c,[c,a]=d,[d,a]=e,[d,b]=[c,b]=[c,d]=1,[e,a]=[e,b]=[e,c]=[e,d]=1\rangle$是 3^6 阶群,因为 $b^{a^3}=be$,所以 a^3 不属于中心. 中心是 3 阶循环群$\langle e\rangle$,且有 $H/Z(H)\cong G$,所以 G 是 capable 群.

对于第二种群,有 $H=\langle a,b,c,d,e\mid a^{3^2}=d^3=e^3=1,b^3=d,c^3=e,[b,a]=c,[c,a]=d,[d,a]=e,[d,b]=[c,b]=[c,d]=1,[e,a]=[e,b]=[e,c]=[e,d]=1\rangle$是 3^6 阶群,中心是 3 阶循环群$\langle e\rangle$,且满足 $H/Z(H)\cong G$.

定理 8.2.5 若 G 为下列群之一:

(7) $\langle a,b,c,d,e\mid c^3=d^3=e^3=1,a^3=e,b^3=e^{-1},[b,c]=d,[d,c]=e,[c,a]=[b,a]=[d,a]=1,[d,b]=1\rangle$;

(8) $\langle a,b,c,d\mid a^{3^2}=c^3=d^3=1,b^3=d^{-1},[b,a]=c,[c,a]=d,[d,a]=[d,b]=[c,b]=[c,d]=1\rangle$;

则 G 不是 capable 群.

证明 当 G 为群(7)时,G 同构于 $\langle a,b,c,d,e \mid c^3=d^3=e^3=1,a^3=e,b^3=e^{-1},[b,c]=d,[d,c]=e,[c,a]=[b,a]=[d,a]=1,[d,b]=1\rangle$. 若 G 是 capable 群,即存在群 H,使得 $H/Z(H)\cong G=\langle \bar{a},\bar{b},\bar{c}\rangle$. 设 $H=\langle a,b,c,Z(H)\rangle$. 因为 $[a,b]$,$[a,c]$,$[a,d]$ 皆在中心里,$b^3=a^{-3}$,且 c^3,d^3 均属于中心,所以 a^3 与 b 交换,$1=[a,c^3]=[a^3,c]$,同理,a^3 与 d 交换,a^3 在中心里,矛盾于 $\bar{a}^{3^2}=\bar{1}$. G 不是 capable 群.

当 G 为群(8)时,G 同构于 $\langle a,b,c,d \mid a^{3^2}=c^3=d^3=1,b^3=d^{-1},[b,a]=c,[c,a]=d,[d,a]=[d,b]=[c,b]=[c,d]=1\rangle$. 若 G 是 capable 群,即存在群 H,使得 $H/Z(H)\cong G=\langle \bar{a},\bar{b}\rangle$. 设 $H=\langle a,b,Z(H)\rangle$. 因为 $[c,b]\in Z(H)$,所以 $[c,b]=[c,b]^a=[c^a,b^a]=[cd,bc]=[c,b][d,c][d,b]$,且由于 $\bar{b}^3=\bar{d}^{-1}$,所以 $[d,b]=1$,$[d,c]=1$. 故有 $[b,a^3]=[b,a]^3[c,a]^3[d,a]$,但 $[c,a]^3=[c^3,a]=1$,进而可得 $[b,a^3]=[b,a]^3[d,a]=[b,a]^3[b^{-3},a]=[b,a]^3[b,a]^{-3}=1$,$a^3$ 与 b 交换,a^3 在中心里,矛盾. G 不是 capable 群.

定理 8.2.6 若 G 为群

(9) $\langle a,b,c,d \mid a^{3^2}=b^3=c^3=d^3=1,[a,b]=c,[c,a]=1,[c,b]=d,[d,a]=[d,b]=1\rangle$,

则 G 是 capable 群.

证明 从 3^5 阶交换群出发,作循环扩张可构造出 H,满足 $H/Z(H)\cong G$.

设交换群 $A=\langle d\rangle\times\langle c\rangle\times\langle a\rangle\cong Z_3\times Z_{3^2}\times Z_{3^2}$.

令映射 $\sigma:\begin{cases} c\to cd \\ d\to dc^{-3} \\ a\to ac \end{cases}$,再把它扩充到整个 A 上,易证 σ 是 A 的 3 阶自同构. 设 $\langle b\rangle$ 是 3 阶循环群,且 b 在 A 上的作用与 σ 相同. 令 $H=A\rtimes\langle b\rangle$,则有 $H=\langle a,b,c,d \mid a^{3^2}=b^3=c^{3^2}=d^3=1,[a,b]=c,[c,a]=1,[c,b]=d,[d,b]=c^{-3},[d,a]=[d,c]=1,[a^3,b]=c^3\rangle$ 是 3^6 阶群,因为 $(c^3)^b=c^3$ 且 c 与 d,a 皆交换,所以中心是 3 阶循环群 $\langle c^3\rangle$,且有 $H/Z(H)\cong G$,故 G 是 capable 群.

定理 8.2.7 若 G 同构于下列群之一:

(10) $\langle a,b,c \mid a^{3^2}=b^{3^2}=c^3=1,[b,a]=c,[c,a]=b^{-3},[c,b]=a^3b^3\rangle$ 或 $\langle a,b,c \mid a^{3^2}=b^{3^2}=c^3=1,[b,a]=c,[c,a]=b^3,[c,b]=a^{-3}b^3\rangle$;

(11) $\langle a,b,c \mid a^{3^2}=b^{3^2}=c^3=1,[b,a]=c,[c,a]=b^3,[c,b]=a^3b^{-3}\rangle$;

则 G 不是 capable 群.

证明 当 G 为群(10)时,若 G 是 capable 群,即存在群 H,使得 $H/Z(H)\cong G=\langle \bar{a},\bar{b}\rangle$. 设 $H=\langle a,b,Z(H)\rangle$. 因为 c^3 与 $[[b,c],c]$ 在中心里,有 $[[b,c],c^3]=[[b,c],c]^3=1$,即 $[[b,c],c]$ 是 3 阶元,所以 $1=[b,c^3]=[b,c]^3[b,c,c]^3=[b,c]^3$,$[b,$

$c]$是 3 阶元. 又 a^{3^2} 及$[a^3,b]$属于中心,所以$[b,c,b]=[a^{-3},b]$是中心里的 3 阶元. 故$[b^3,c]=[b,c]^3[b,c,b]^3=[b,c]^3=1$. 由于$[c,b]^a=[c^a,b^a]$,所以$[c,b][b^3,a]=[c,b][b^3,c]$,即$[b^3,a]=[b^3,c]=1$. b^3 属于中心,矛盾. G 不是 capable 群.

当 G 为群(11)时,与群(10)情况类似.

定理 8.2.8 若 G 为群

(12) $\langle a,b,c\,|\,a^{3^2}=b^{3^2}=c^3=1,[b,a]=c,[c,a]=a^3,[c,b]=b^{-3}\rangle$,

则 G 是 capable 群.

证明 从 3^4 阶交换群出发,作循环扩张可构造出 H,满足 $H/Z(H)\cong G$.

设交换群 $A=\langle e\rangle\times\langle f\rangle\times\langle c\rangle\cong Z_3\times Z_3\times Z_{3^2}$.

令映射 σ: $\begin{cases}e\to ec^{-3}\\ f\to f\\ c\to cf^{-1}\end{cases}$,再把它扩充到整个 A 上,易证 σ 是 A 的 3 阶自同构. 设$\langle b\rangle$ 是 3^2 阶循环群,$b^3=f$,且 b 在 A 上的作用与 σ 相同.

令 $B=A\langle b\rangle=\langle e,b,c\rangle$,则$|B|=3^5$.

在 B 中规定映射 β: $\begin{cases}e\to e\\ b\to bc\\ c\to ce\end{cases}$,再把它扩充到整个 B 上,易证 β 是 B 的 3^2 阶自同构. 设$\langle a\rangle$是 3^2 阶循环群,$a^3=e$,且 a 在 B 上的作用与 β 相同,令 $H=B\langle a\rangle$,则有 $H=\langle a,b,c\,|\,a^{3^2}=b^{3^2}=c^{3^2}=1,[b,a]=c,[c,a]=a^3,[c,b]=b^{-3},[b^3,a]=[b,a^3]=c^3\rangle$是 3^6 阶群,中心是 3 阶循环群$\langle c^3\rangle$,且有 $H/Z(H)\cong G$,所以 G 是 capable 群.

定理 8.2.9 若 G 为群

(13) $\langle a,b,c\,|\,a^{3^2}=b^{3^2}=c^3=1,[b,a]=c,[c,a]=b^3,[c,b]=a^{-3}\rangle$,

则 G 是 capable 群.

证明 从 3^4 阶交换群出发,作循环扩张可构造出 H,满足 $H/Z(H)\cong G$.

设交换群 $A=\langle e\rangle\times\langle f\rangle\times\langle c\rangle\cong Z_3\times Z_3\times Z_{3^2}$.

令映射 σ: $\begin{cases}e\to ec^{-3}\\ f\to f\\ c\to ce^{-1}\end{cases}$,再把它扩充到整个 A 上,易证 σ 是 A 的 3 阶自同构. 设$\langle b\rangle$ 是 3^2 阶循环群,$b^3=f$,且 b 在 A 上的作用与 σ 相同.

令 $B=A\langle b\rangle=\langle e,b,c\rangle$,则$|B|=3^5$.

在 B 中规定映射 β: $\begin{cases}f\to f\\ e\to e\\ b\to bc\\ c\to cf\end{cases}$,再把它扩充到整个 B 上,易证 β 是 B 的 3^2 阶自同构. 设$\langle a\rangle$是 3^2 阶循环群,$a^3=e$,且 a 在 B 上的作用与 β 相同,令 $H=B\langle a\rangle$,则有

$H=\langle a,b,c \mid a^{3^2}=b^{3^2}=c^3=1,[b,a]=c,[c,a]=b^3,[c,b]=a^{-3},[b^3,a]=[b,a^3]=c^3\rangle$是 3^6 阶群，中心是 3 阶循环群$\langle c^3\rangle$，且有 $H/Z(H)\cong G$，所以 G 是 capable 群.

定理 8.2.10　*若 G 为群*

(14) $\langle a,b,c,d \mid c^3=d^3=e^3=1,a^3=e,b^3=e^{-1},[b,a]=d,[d,a]=e=[b,c],[c,a]=[c,e]=[d,e]=[d,b]=[d,c]=1\rangle$,

则 G 不是 capable 群.

证明　反证，若 G 是 capable 群，则可以推出矛盾.

当 G 为群(14)时，若 G 是 capable 群，即存在群 H，使得 $H/Z(H)\cong G=\langle \bar{a},\bar{b},\bar{c}\rangle$. 设 $H=\langle a,b,c,Z(H)\rangle$. 因为 $a^3=e,b^3=e^{-1}$，所以$[a^3,b]=[e,b]=1$，即 a^3 与 b 交换. 而 c^3 与$[c,a]$在中心中，$[c^3,a]=[c,a^3]=1$，a^3 也与 c 皆交换. a^3 属于中心，矛盾. G 不是 capable 群.

定理 8.2.11　*若 G 为群*

(15) $\langle a,b,c,d,e \mid a^3=c^3=d^3=e^3=1,b^3=d,[b,a]=c,[c,a]=d,[b,e]=d,[b,c]=[d,a]=[d,b]=[d,c]=[d,e]=[e,a]=[e,c]=[e,d]=1\rangle$,

则 G 不是 capable 群.

证明　当 G 为群(15)时，若 G 是 capable 群，即存在群 H，使得 $H/Z(H)\cong G=\langle \bar{a},\bar{b},\bar{e}\rangle$. 设 $H=\langle a,b,e,Z(H)\rangle$. 因为$[b,c]$在中心中，故有$[b,c]=[b,c]^e=[b^e,c^e]=[bd,c]=[b,c][d,c]$，$[d,c]=1$. 又因为$[b,c]=[b,c]^a=[b^a,c^a]=[bc,cd]=[b,d][b,c][c,d]$，故$[b,d]=1$. 由于$[c,e]$在中心中，$[c,e]=[c,e]^a=[c^a,e^a]=[cd,e]=[c,e][d,e]$，所以$[d,e]=1$. 由 $a^3\in Z(H)$计算可得 $1=[b,a^3]=[b,a]^3[c,a]^3[d,a]=[b^3,a][c,a]^3[d,a]$，而$[c,a]^3=[c,a^3]=1,b^3\in Z(H)$，或 $\overline{b^3}=\bar{d}$，所以$[d,a]=1$，d 与 a,b,e 皆交换，d 属于中心，矛盾. G 不是 capable 群.

定理 8.2.12　*若 G 为群*

(16) $\langle a,b,c,d,e \mid e^3=b^3=c^3=d^3=1,a^3=e,c^3=e^{-1},[c,b]=d,[d,b]=e,[c,a]=e,[d,c]=[b,a]=1\rangle$,

则 G 不是 capable 群.

证明　当 G 为群(16)时，若 G 是 capable 群，即存在群 H，使得 $H/Z(H)\cong G=\langle \bar{a},\bar{b},\bar{c}\rangle$. 设 $H=\langle a,b,c,Z(H)\rangle$. 因为 b^3 与$[a,b]$在中心中，故有$[b^3,a]=[b,a]^3=[b,a^3]=1$，$a^3$ 与 b 交换. 又因为 $a^3=e,c^3=e^{-1}$，$[a^3,c]=[e,c]=1$，a^3 与 c 交换，故有 a^3 属于中心，矛盾. G 不是 capable 群.

定理 8.2.13　*若 G 为群*

(17) $G=\langle a,b,c,d,e \mid a^3=c^3=d^3=e^3=1,b^3=e^{-1},[b,a]=d,[d,a]=[b,c]=e,[d,b]=[c,a]=[d,c]=[e,a]=[e,c]=[e,d]=1\rangle$,

则 G 是 capable 群.

证明 从 3^3 阶交换群出发,作循环扩张可构造出 H,满足 $H/Z(H)\cong G$.

设交换群 $A=\langle e\rangle\times\langle d\rangle\cong Z_3\times Z_{3^2}$.

令映射 σ:$\begin{cases}e\to e\\ d\to dd^3\end{cases}$,再把它扩充到整个 A 上,易证 σ 是 A 的 3 阶自同构. 设 $\langle c\rangle$ 是 3 阶循环群,且 c 在 A 上的作用与 σ 相同.

令 $B=A\langle c\rangle=\langle e,c,d\rangle$,则 $|B|=3^4$.

在 B 中规定映射 β:$\begin{cases}e\to e\\ c\to ce^{-1}\\ d\to d\end{cases}$,再把它扩充到整个 B 上,易证 β 是 B 的 3 阶自同构. 设 $\langle b\rangle$ 是 3^2 阶循环群,$b^3=e^{-1}$,且 b 在 B 上的作用与 β 相同,令 $C=B\langle b\rangle=\langle b,c,d,e\rangle$,则 $|C|=3^5$.

在 C 中规定映射 γ:$\begin{cases}b\to bd\\ c\to c\\ d\to de\\ e\to ed^{-3}\end{cases}$,再把它扩充到整个 C 上,易证 γ 是 C 的 3 阶自同构. 设 $\langle a\rangle$ 是 3 阶循环群,且 a 在 C 上的作用与 γ 相同,令 $H=C\langle a\rangle$,则有 $H=\langle a,b,c,d,e\mid c^3=e^3=d^9=a^3=1,b^3=e^{-1},[b,a]=d,[b,c]=[d,a]=e,[e,a]=[c,d]=d^{-3},[c,a]=[d,b]=[e,b]=[e,c]=[e,d]=1\rangle$ 是 3^6 阶群,中心是 3 阶循环群 $\langle d^3\rangle$,且有 $H/Z(H)\cong G$,所以 G 是 capable 群.

定理 8.2.14 若 G 同构于群

(18) $\langle a,b,c\mid a^{3^2}=b^{3^2}=c^3=1,[b,a]=1,[a,c]=a^3b^3,[b,c]=a^{-3}\rangle$,

则 G 不是 capable 群.

证明 若存在群 H,使得 $H/Z(H)\cong G=\langle\bar{a},\bar{b},\bar{c}\rangle$,由 $c(G)=2$,有 $c(H)=3$,H 亚交换,即 G 为亚交换群的中心商. 设 $H=\langle a,b,c,Z(H)\rangle$. 因为 $[a,b]\in Z(H)$,所以 $[a,b]=[a,b]^c$,即有 $[a,b]=[a^c,b^c]=[aa^3b^3,ba^{-3}]$. 由 b^{3^2} 属于中心可得 $[a,b]^{3^2}=[a,b^{3^2}]=1$,$[a,b]$ 是 3^2 阶元,且 $[a^3,b^3]=[a,b]^{3^2}=1$,故有 $[a^c,b^c]=[a,b][a^3,b]$,即 $[a^3,b]=[a,b^3]=1$,b^3 与 a 交换且 $[b,c]$ 与 b 交换,进而可得 $[b^3,c]=[b,c]^3[b,c,b]^{\binom{3}{2}}=[b,c]^3$. 但 c^3 与 $[b,c,c]$ 属于中心,$[b,c,c]^3=[b,c,c^3]=1$,$1=[b,c^3]=[b,c]^3[b,c,c]^{\binom{3}{2}}=[b,c]^3$,所以 $[b^3,c]=1$,即 b^3 与 a 和 c 交换,$\bar{b}^3=\bar{1}$,矛盾. G 不是 capable 群.

推论 8.2.1 设 G 为群

(19) $\langle a,b,c\mid a^{3^2}=b^{3^2}=c^3=1,[b,a]=1,[a,c]=a^{-3}b^3,[b,c]=a^3\rangle$,

则 G 不是 capable 群.

定理 8.2.15 若 G 同构于群

(20) $\langle a,b,c \mid a^{3^2}=b^{3^2}=c^3=1,[c,a]=[b,c]=1,[b,a]=a^3\rangle$,

则 G 是 capable 群.

证明 从交换群 $A=\langle a\rangle\times\langle d\rangle\times\langle e\rangle\cong Z_{3^3}\times Z_3\times Z_3$ 出发,作两次循环扩张,依次添加元素 c,b 可得 $H=\langle a,b,c \mid a^{3^3}=b^{3^2}=d^3=e^3=1,c^3=a^{3^2},[c,a]=d,[b,c]=e,[b,a]=a^3,[d,a]=[d,b]=[d,c]=[d,e]=1,[e,a]=[e,b]=[e,c]=1,[b^3,a]=[b,a^3]=a^{3^2}\rangle$ 是 3^8 阶群;由定义关系:中心 $Z(H)=\langle c^3,d,e\rangle$ 是 3^3 阶初等交换群,且有 $H/Z(H)\cong G$,G 是 capable 群.

定理 8.2.16 若 G 为群

(21) $\langle a,b,c \mid a^{3^2}=b^{3^2}=c^3=1,[b,a]=1,[a,c]=b^{-3},[b,c]=a^3\rangle$,

则 G 是 capable 群.

证明 从 3^6 阶交换群出发,作循环扩张.

设交换群 $A=\langle e\rangle\times\langle f\rangle\times\langle c\rangle\times\langle d\rangle\cong Z_3\times Z_3\times Z_{3^2}\times Z_{3^2}$.

令映射 σ: $\begin{cases} e\to ed^{-3} \\ f\to f \\ c\to ce^{-1} \\ d\to d \end{cases}$,再把它扩充到整个 A 上,易证 σ 是 A 的 3 阶自同构. 设 $\langle b\rangle$ 是 3^2 阶循环群,$b^3=f$,且 b 在 A 上的作用与 σ 相同. 令 $B=A\langle b\rangle=\langle e,b,c,d\rangle$,则 $|B|=3^7$.

在 B 中规定映射 β: $\begin{cases} e\to e \\ b\to bd \\ c\to cb^3 \\ d\to d \end{cases}$,再把它扩充到整个 B 上,易证 β 是 B 的 3^2 阶自同构. 设 $\langle a\rangle$ 是 3^2 阶循环群,$a^3=e$,且 a 在 B 上的作用与 β 相同,令 $H=B\langle a\rangle$,则有 $H=\langle a,b,c \mid a^{3^2}=b^{3^2}=c^{3^2}=d^{3^2}=1,[b,a]=d,[b,c]=a^3,[c,a]=b^3,[d,a]=[d,b]=[d,c]=1\rangle$ 是 3^8 阶群;由定义关系可得 $Z(H)=\langle c^3,d\rangle$ 是 3^3 阶群,且 $H/Z(H)\cong G$ 成立,所以 G 是 capable 群.

定理 8.2.17 若 G 为群

(22) $\langle a,b,c \mid a^{3^2}=b^{3^2}=c^3=1,[b,a]=a^3,[b,c]=1,[c,a]=b^3\rangle$,

则 G 是 capable 群.

证明 从 3^4 阶交换群出发,作循环扩张可构造出 H,使得 $H/Z(H)\cong G$.

设交换群 $A=\langle a\rangle\times\langle d\rangle\cong Z_{3^3}\times Z_3$.

令映射 σ: $\begin{cases} a\to a^{1-3} \\ d\to d \end{cases}$,再把它扩充到整个 A 上,可证 σ 是 A 的 3^2 阶自同构. 设

$\langle b\rangle$是 3^2 阶循环群,且 b 在 A 上的作用与 σ 相同.令 $B=A\langle b\rangle=\langle a,b,d\rangle$,则$|B|=3^6$.

在 B 中规定映射β: $\begin{cases}a\to ab^3\\ b\to bd\\ d\to d\end{cases}$,再把它扩充到整个 B 上,可证 β 是 B 的 3 阶自同构.设$\langle c\rangle$是 3^2 阶循环群,$c^3=a^{3^2}$,且 c 在 B 上的作用与 β 相同,令 $H=B\langle c\rangle$,则$H=\langle a,b,c\mid a^{3^3}=b^{3^2}=d^3=1,[c,a]=b^3,a^{3^2}=c^3,[b,a]=a^3,[b,c]=d,[b^3,a]=[b,a^3]=a^{3^2},[d,a]=[d,b]=[d,c]=1\rangle$是 3^7 阶群;由定义关系可知:$Z(H)=\langle c^3,d\rangle$是 3^2 阶群,且有 $H/Z(H)\cong G$,所以 G 是 capable 群.

定理 8.2.18 *若 G 为群*

(23) $G=\langle a,b,c,d,e\mid a^3=b^3=c^3=d^3=e^3=1,[b,a]=d,[c,a]=e,[c,b]=[d,a]=[d,b]=[d,c]=[e,d]=[e,a]=[e,b]=[e,c]=1\rangle$,
则 G 是 capable 群.

证明 对 3^6 阶初等交换群 $A=\langle b\rangle\times\langle c\rangle\times\langle d\rangle\times\langle e\rangle\times\langle f\rangle\times\langle g\rangle\cong Z_3\times Z_3\times Z_3\times Z_3\times Z_3\times Z_3$ 作 3 次可裂扩张,可得 3^7 阶群 $H=(\langle b\rangle\times\langle c\rangle\times\langle d\rangle\times\langle e\rangle\times\langle f\rangle\times\langle g\rangle)\rtimes\langle a\rangle=\langle a,b,c\mid a^3=b^3=c^3=d^3=e^3=f^3=g^3=1,[c,a]=e,[b,a]=d,[e,a]=g,[d,a]=f,[c,b]=[d,b]=[d,c]=1,[e,b]=[e,c]=[e,d]=1,[f,a]=[f,b]=[f,c]=[f,d]=[f,e]=1,[g,a]=[g,b]=[g,c]=[g,d]=[g,e]=[g,f]=1\rangle$.由定义关系可得中心 $Z(H)=\langle f,g\rangle$是 3^2 阶群,且 $H/Z(H)\cong G$,所以 G 是 capable 群.

定理 8.2.19 *若 G 为群*

(24) $G=\langle a,b,c\mid a^{3^2}=b^{3^2}=c^3=1,[b,a]=c,[c,b]=b^3,[c,a]=a^3\rangle$,
则 G 不是 capable 群.

证明 因为 $c(G)=3$,所以若存在 3 群 H,使得 $H/Z(H)\cong G=\langle\bar{a},\bar{b}\rangle$,则有 $c(H)=4<p$,H 正则,即 G 为正则 3 群的中心商.设 $H=\langle a,b,Z(H)\rangle$.由于$[c^a,b^a]=[c,b]^a$,即$[ca^3,bc]=[c,bc]^{a^3}[a^3,bc]=[c,b]^a=[c,b][[c,b],a]$,又 c^3,a^{3^2}与 b^{3^2} 皆属于中心,计算上式可得$[c,b][a^3,b]=[c,b][[c,b],a]=[c,b][b^3,a]$,即$[b^3,a]=[a^3,b]=[b,a^3]^{-1}=1$.又因为 $\bar{c}^p=\bar{1}$,由引理 2.2.5,有 $1=[c^3,b]\Leftrightarrow[c,b^3]=1$,$\bar{b}^3=\bar{1}$,矛盾.$G$ 不是 capable 群.

定理 8.2.20 *若 G 为群*

(25) $G=\langle a,b,c,d,e\rangle=\langle c,d\rangle\times\langle a,b,e\rangle$,这里$\langle c,d\rangle\cong C_3\times C_3$和$\langle a,b,e\mid a^3=b^3=e^3=1,[b,a]=e\rangle$为 3^3 阶非交换群,且方次数为 3,
则 G 是 capable 群.

证明 因为$G=\langle a,b,c,d,e\rangle=\langle c,d\rangle\times\langle a,b,e\rangle$,这里$\langle c,d\rangle\cong C_3\times C_3$和$\langle a,b,e\mid a^3=b^3=e^3=1,[b,a]=e\rangle$为 3^3 阶非交换群,且方次数为 3.由定理 3.2.1 可

得，$\langle c,d\rangle$是 capable 群；$\langle a,b,e\rangle$为 p^3 阶超特殊 p 群，由引理 6.1.2 可得$\langle a,b,e\rangle$是 capable 群. 故由命题 2.2.2 可得 G 是 capable 群.

引理 8.2.1　设 p 是奇素数，m 是大于 1 的正整数，则群 $G=\langle a,b,c \mid a^{p^m}=b^{p^m}=c^p=1,[b,a]=1,[a,c]=a^{p^m-1}b^{p^{m-1}},[b,c]=a^{-p^{m-1}}\rangle$不是 capable 群.

证明　若存在群 H，使得 $H/Z(H)\cong G=\langle \bar{a},\bar{b},\bar{c}\rangle$，由 $c(G)=2$，有 $c(H)=3$，H 亚交换，即 G 为亚交换群的中心商. 设 $H=\langle a,b,c,Z(H)\rangle$. 因为$[a,b]\in Z(H)$，所以$[a,b]=[a,b]^c$，即有$[a,b]=[a^c,b^c]=[aa^{p^m-1}b^{p^{m-1}},ba^{-p^{m-1}}]$. 由 $m\geqslant 2$ 及 b^{p^m} 属于中心可得$[a,b]^{p^m}=[a,b^{p^m}]=1$，$[a,b]$是 p^m 阶元，且$[a^{p^m-1},b^{p^{m-1}}]=[a,b]^{p^{2m-2}}=1$. 故有$[a^c,b^c]=[a,b][a^{p^m-1},b]$，即$[a^{p^m-1},b]=[a,b^{p^{m-1}}]=1$，$b^{p^{m-1}}$ 与 a 交换且$[b,c]$与 b 交换，进而可得$[b^p,c]=[b,c]^p[b,c,b]^{\binom{p}{2}}=[b,c]^p$. 但 c^p 与 $[b,c,c]$属于中心，$[b,c,c]^p=[b,c,c^p]=1$，$1=[b,c^p]=[b,c]^p[b,c,c]^{\binom{p}{2}}=[b,c]^p$，所以$[b^p,c]=1$，即 $b^{p^{m-1}}$ 与 a 和 c 交换，$\bar{b}^{p^{m-1}}=\bar{1}$，矛盾. G 不是 capable 群.

推论 8.2.2　设 G 为下列群之一：

(26) $\langle a,b,c \mid a^{3^2}=b^{3^2}=c^3=1,[b,a]=1,[a,c]=a^3b^3,[b,c]=a^{-3}\rangle$；

(27) $\langle a,b,c \mid a^{3^2}=b^{3^2}=c^3=1,[b,a]=1,[a,c]=a^{-3}b^3,[b,c]=a^3\rangle$；

则 G 不是 capable 群.

Michael R. Bacon 和 Luise-Charlotte Kappe[5] 在其文中给出了 $p>2$ 的类 2 的 p 群是 capable 群的一个必要条件. 由此条件，可以得出下述结果.

引理 8.2.2[15]　设 $p>2$，有限 p 群 $G=\langle a_1,a_2,\cdots,a_k\rangle$，其中$\{a_1,a_2,\cdots,a_k\}$为 G 的极小生成系，$o(a_i)=p^{\alpha_i}$，$\alpha_i\geqslant\alpha_{i+1}$，$i=1,2,\cdots,k-1$，且 $c(G)=2$，若 G 是 capable 群，则 $\alpha_1=\alpha_2$.

对任意给定素数 $p>2$，总存在群 G 满足 $c(G)=2$ 且 $\alpha_1=\alpha_2$，但 G 不是 capable 群.

定理 8.2.21　设 G 为下列群之一，

(28) $\langle a,b,c \mid a^{3^3}=b^3=c^3=1,[c,a]=a^{3^2},[b,a]=1,[b,c]=1\rangle$；

(29) $\langle a,b,c,d \mid a^{3^2}=b^3=c^3=d^3=1,[d,a]=a^3,[b,a]=[c,a]=1,[c,b]=[d,b]=[d,c]=1\rangle$；

(30) $\langle a,b,c,d \mid a^{3^2}=b^3=c^3=d^3=1,[[d,b]=a^3,b,a]=[c,a]=1,[c,b]=[d,a]=[d,c]=1\rangle$；

(31) $\langle a,b,c,d \mid a^{3^2}=b^3=c^3=d^3=1,[c,a]=[c,b]=1,[d,a]=[d,b]=[d,c]=1,[b,a]=d,\rangle$；

(32) $\langle a,b,c,d \mid a^{3^2}=b^3=c^3=d^3=1,[c,b]=d,[b,a]=[c,a]=1,[d,a]=$

$[d,b]=[d,c]=1\rangle$;

(33) $\langle a,b,c \mid a^{3^3}=b^3=c^3=1,[b,c]=a^{3^2},[b,a]=[c,a]=1\rangle$;

(34) $\langle a,b,c,d \mid a^{3^2}=b^3=c^3=d^3=1,[b,a]=a^3,[c,b]=1,[c,a]=d,[d,a]=[d,b]=[d,c]=1\rangle$;

(35) $\langle a,b,c,d \mid a^{3^2}=b^3=c^3=d^3=1,[a,c]=a^3,[b,a]=1,[b,c]=d,[d,a]=[d,b]=[d,c]=1\rangle$;

(36) $\langle a,b,c,d \mid a^{3^2}=b^3=c^3=d^3=1,[b,a]=1,[a,c]=d,[b,c]=a^3,[d,a]=[d,b]=[d,c]=1\rangle$;

(37) $\langle a,b,c,d \mid a^{3^2}=b^3=c^3=d^3=1,[a,d]=[b,c]=a^3,[b,a]=[c,a]=1,[d,b]=[d,c]=1\rangle$;

(38) $G=\langle a,b,c,d,e \mid a^3=b^3=c^3=d^3=e^3=1,[d,c]=[b,a]=e,[c,a]=[c,b]=[e,c]=1,[d,a]=[d,b]=[e,d]=[e,a]=[e,b]=1\rangle$ 为超特殊 3 群，且同构于 $\langle a,b\rangle * \langle c,d\rangle$;

则 G 不是 capable 群.

证明 群(37)和(38)是超特殊 p 群，由引理 6.1.2 可知，它们皆不是 capable 群. 当 G 为其余情形时，均有 $c(G)=2$，且在 G 的极小生成系中，两个最高阶的生成元阶不相等，故由引理 8.2.2 可知，它们皆不是 capable 群.

定理 8.2.22 设 p 为奇素数，亚循环 p 群 $G=\langle a,b \mid a^{p^{r+s+u}}=1,b^{p^{r+s+t}}=a^{p^{r+s}},a^b=a^{1+p^r}\rangle$，其中 r,s,t,u 为非负整数，且 $r\geqslant 1,u\leqslant r$，则群 G 是 capable 群当且仅当 $u=t=0$.

对于非交换的亚循环群，由定理 8.2.22 可得下面的结果.

定理 8.2.23 3^5 阶非交换的亚循环群 G 不是 capable 群.

定理 8.2.24 设 G 为下列群之一，

(39) $\langle a,b \mid b^3=1,a^{3^4}=1,[b,a]=a^{3^3}\rangle$;

(40) $\langle a,b \mid b^{3^2}=1,a^{3^3}=1,[b,a]=a^{3^2}\rangle$;

(41) $\langle a,b \mid b^{3^2}=1,a^{3^3}=1,[b,a]=a^3\rangle$;

(42) $\langle a,b \mid b^{3^2}=1,a^{3^3}=1,[a,b]=a^3\rangle$;

则 G 不是 capable 群.

定理 8.2.25 3^5 阶非亚循环的内交换群 G 是 capable 群，则 G 同构于 $\langle a,b,c \mid a^9=c^3=b^9=1,[a,b]=c,[a,c]=1,[b,c]=1\rangle$.

证明 3^5 阶非亚循环的内交换群只能是以下两种情形：

$\langle a,b,c \mid a^{3^3}=c^3=b^3=1,[a,b]=c,[b,c]=1,[a,c]=1\rangle$;

$\langle a,b,c \mid a^9=c^3=b^9=1,[a,b]=c,[b,c]=1,[a,c]=1\rangle$.

根据定理 5.2.1，只有第二种群是 capable 群.

8.3 附　注

8.1 节的主要内容可在参考文献[6,18,29]中查到，定理 8.2.14 和推论 8.2.1 中的主要内容可在参考文献[31]中查到，定理 8.2.15～定理 8.2.18 的主要内容可在参考文献[32]中查到。

第 9 章　极大类的 capable 3 群

9.1　相关定义和结果

本节先介绍极大类 p 群的概念,给出它们的一些最基本的结果.

定义 9.1.1　令 G 为 p^n 阶群,$n\geqslant 2$. 称群 G 为极大类 p 群,如果 G 的幂零类 $c(G)=n-1$.

把 p^2 阶群也看作极大类群,但有些学者假定极大类 p 群都是非交换的,因此在上述定义中假定 $n\geqslant 3$.

下面给出极大类 p 群的一些最基本的性质.

定理 9.1.1　设 G 为 p^n 阶极大类群,则

(1) $|G/G'|=p^2$,$G'=\Phi(G)$ 且 $d(G)=2$;

(2) $|G_i/G_{i+1}|=p$,$i=2,3,\cdots,n-1$;

(3) 对 $i\geqslant 2$,G_i 是 G 中唯一的 p^{n-i} 阶正规子群;

(4) 若 $N\trianglelefteq G$,$|G/N|\geqslant p^2$,则 G/N 亦为极大类 p 群;

(5) 对于 $0\leqslant i\leqslant n-1$ 有 $Z_i(G)=G_{n-i}$;

(6) 设 $p>2$,若 $n>3$,则 G 中不存在 p^2 阶循环正规子群.

证明　由 G 非循环,得 G/G' 亦非循环. 于是 $|G/G'|\geqslant p^2$. 又因为 $c(G)=n-1$,对 $i=2,3,\cdots,n-1$,有 $|G_i/G_{i+1}|\geqslant p$. 于是必有 $|G/G'|=p^2$,$|G_i/G_{i+1}|=p$ 且 G/G' 为 p^2 阶初等交换群,由此又得 $G'=\Phi(G)$ 且 $d(G)=2$. (1),(2)均得证.

(3) 设 N 是 G 的一个 p^{n-i} 阶正规子群,则 $c(G/N)\leqslant i-1$. 于是 $(G/N)_i=G_iN/N=\bar{1}$,即 $G_i\leq N$. 又由于 $|G/G_i|=p^i$,所以 $N=G_i$,即 G_i 是 G 中唯一的 p^{n-i} 阶正规子群.

(4) 令 $|G/N|=p^i$,由(3)对某 $i\geqslant 2$,必有 $N=G_i$. 故 G/N 的幂零类为 $i-1$,即 G/N 是极大类 p 群.

(5) 由 $c(G)=n-1$ 有 $Z_{n-1}(G)=G$. 考虑 G 的上中心群列

$$1=Z_0(G)<Z_1(G)<\cdots<Z_{n-2}(G)<Z_{n-1}(G)=G$$

因为 $G/Z_{n-3}(G)$ 非交换,所以 $|G/Z_{n-3}(G)|\geqslant p^3$;又因为 $|Z_{n-3}|\geqslant p^{n-3}$,所以 $|G/Z_{n-3}(G)|=p^3$. 于是 $|G/Z_{n-2}(G)|=p^2$,$G'=Z_{n-2}(G)$,所以得 $|Z_i(G)|=p^i$,$i\leqslant n-2$. 由(3)即得 $Z_i(G)=G_{n-i}$.

(6) 因为 G 非循环,所以 G 有 (p,p) 型正规子群. 由(3)可得 G 的 p^2 阶正规子

群唯一，即得结论.

引理 9.1.1[29]　设 G 是群，$a,b,c\in G$，则

(1) $[a^c,b^c]=[a,b]^c$；

(2) $[ab,c]=[a,c]^b[b,c]=[a,c][a,c,b][b,c]$；

(3) $[a,bc]=[a,c][a,b]^c=[a,c][a,b][a,b,c]$.

引理 9.1.2[29]　设 G 是有限群，$a,b\in G$，且 $[a,b]\in Z(G)$. 又设 n 为正整数，则

(1) $[a^n,b]=[a,b]^n$；

(2) $[a,b^n]=[a,b]^n$；

(3) $(ab)^n=a^nb^n[b,a]^{\binom{n}{2}}$.

引理 9.1.3[18]　设 G 是有限 p 群.

(1) 若 $c(G)<p$，则 G 正则；

(2) 若 $|G|\leqslant p^p$，则 G 正则；

(3) 若 $p>2$ 且 G' 循环，则 G 正则；

(4) 若 $\exp(G)=p$，则 G 正则.

引理 9.1.4[18]　设 G 是有限正则 p 群，$a,b\in G$，s,t 为非负整数，则

$$[a^{p^s},b^{p^t}]=1\Leftrightarrow[a,b]^{p^{s+t}}=1$$

引理 9.1.5[18]　设 G 是亚交换群，$a\in G$，$c\in G'$，n 为正整数，则 $[c^n,a]=[c,a]^n$.

引理 9.1.6[18]　设 G 是亚交换群，$a,b\in G$. 对于任意的正整数 i,j，设

$$[ia,jb]=[a,b,\underbrace{a,\cdots,a}_{i-1},\underbrace{b,\cdots,b}_{j-1}]$$

则对于任意的正整数 m,n，

$$[a^m,b^n]=\prod_{i=1}^{m}\prod_{j=1}^{n}[ia,jb]^{\binom{m}{i}\binom{n}{j}}$$

9.2　极大类 3 群的 capable 性质研究

定理 9.2.1　若 G 为下列群之一：

(1) $G=\langle a,b,c,d,e\mid e^3=d^3=1,a^3=e,b^3=d^{-1}e,c^3=e^{-1},[b,a]=c,[c,a]=d,[c,b]=1,[d,a]=e,[d,b]=[d,c]=[e,d]=1\rangle$；或

(2) $G=\langle a,b,c,d,e\mid a^3=d^3=e^3=1,b^3=d^{-1}e,c^3=e^{-1},[b,a]=c,[c,a]=d,[d,a]=e,[c,b]=[d,b]=[d,c]=[e,a]=[e,d]=1\rangle$；

则 G 是 capable 群.

证明　当 G 同构于群(1)时，从 3^4 阶交换群出发，作循环扩张可构造出 H，使得 $H/Z(H)\cong G$ 成立.

设交换群 $A=\langle d\rangle\times\langle e\rangle\times\langle f\rangle\cong Z_3\times Z_3\times Z_{3^2}$.

令映射 σ：$\begin{cases} d\to df^{-3} \\ f\to f \\ e\to ef^{-3} \end{cases}$，再把它扩充到整个 A 上，易证 σ 是 A 的 3 阶自同构. 设 $\langle b\rangle$ 是 3^2 阶循环群，$b^3=d^{-1}e$，且 b 在 A 上的作用与 σ 相同.

令 $B=A\langle b\rangle=\langle b,d,e,f\rangle$，则 $|B|=3^5$.

在 B 中规定映射 β：$\begin{cases} b\to bf^{-1} \\ d\to df^{3} \\ e\to e \\ f\to f \end{cases}$，再把它扩充到整个 B 上，易证 β 是 B 的 3^2 阶自同构. 设 $\langle c\rangle$ 是 3^2 阶循环群，$c^3=e^{-1}$，且 c 在 B 上的作用与 β 相同，令 $C=B\langle c\rangle$，则 $|C|=3^6$.

在 C 中规定映射 γ：$\begin{cases} b\to bc \\ c\to cd \\ d\to de \\ e\to e \end{cases}$，再把它扩充到整个 C 上，易证 γ 是 C 的 3^2 阶自同构. 设 $\langle a\rangle$ 是 3^2 阶循环群，$a^3=e$，且 a 在 C 上的作用与 γ 相同，令 $H=C\langle a\rangle$，则有 $H=\langle a,b,c,d,e,f\,|\,e^3=d^3=f^{3^2}=1,a^3=e,b^3=d^{-1}e,c^3=e^{-1},[b,a]=c,[c,a]=d,[c,b]=f,[d,a]=e,[b,d]=[d,c]=[b,e]=f^3,[e,a]=[e,c]=[e,d]=[f,a]=[f,b]=[f,c]=[f,d]=[f,e]=1\rangle$ 是 3^7 阶群，中心是 3^2 阶循环群 $\langle f\rangle$，且有 $H/Z(H)\cong G$，所以 G 是 capable 群.

当 G 同构于群(2)时，在 C 中令 $c^3=e^{-1}f^{-3}$，且 $a^3=1$，便可得到相应的 H 满足 $H/Z(H)\cong G$.

定理 9.2.2 若 G 同构于群

(3) $G=\langle a,b,c,d,e\,|\,a^3=d^3=e^3=1,b^3=d^{-1},c^3=e^{-1},[b,a]=c,[c,a]=d,[c,b]=1,[d,a]=e,[d,c]=[d,b]=[e,a]=[e,b]=[e,d]=1\rangle$，

则 G 不是 capable 群.

证明 反证，若 G 是 capable 群，则可以推出矛盾.

若 G 是 capable 群，即存在群 H，使得 $H/Z(H)\cong G=\langle \bar{a},\bar{b}\rangle$. 设 $H=\langle a,b,Z(H)\rangle$. 因为 $[b,c]$ 在中心里，所以有 $[b,c]=[b,c]^a=[bc,cd]=[b,c][b,d][c,d]$，而 $\bar{b}^3=\bar{d}^{-1}$，故 $[b,d]=1$，$1=[c,d]=[d^{-1},c]=[b^3,c]=[b,c^3]$，$c^3$ 与 b 交换. 又因为 $\bar{a}^3=\bar{1}$，所以有 $1=[b,a^3]=[b,a]^3[c,a]^3[d,a]=[b^3,a][c,a]^3[b^{-3},a]=[c,a]^3=[c^3,a]$，$c^3$ 与 a 交换，$c^3\in Z(G)$，矛盾. G 不是 capable 群.

定理 9.2.3 若 G 同构于下列群，即

(4) $\langle a,b,c,d,e\,|\,e^3=d^3=1,a^3=e,b^3=d^{-1},c^3=e^{-1},[b,a]=c,[c,a]=d,$

$[c,b]=[d,a]=e,[c,d]=[d,b]=[e,b]=[e,d]=1\rangle$；或

(5) $\langle a,b,c,d,e \mid e^3=d^3=1,a^3=e^{-1},b^3=d^{-1},c^3=e^{-1},[b,a]=c,[c,a]=d,[c,b]=[d,a]=e,[c,d]=[d,b]=[e,b]=[e,d]=1\rangle$；

则 G 不是 capable 群.

证明　反证，若 G 是 capable 群，则可以推出矛盾.

若 G 是 capable 群，即存在群 H，使得 $H/Z(H)\cong G=\langle \bar{a},\bar{b}\rangle$. 设 $H=\langle a,b,Z(H)\rangle$. 由于 $\bar{a}^3=\bar{e}$ 或 $\bar{e}^{-1}$，且 $\bar{c}^3=\bar{e}^{-1}$，所以 $[c^3,a]=[e^{-1},a]=1$，c^3 与 a 交换. 又因为 $[c,b]=[c,b][e,a]=[c,b]^a=[c^a,b^a]=[cd,bc]=[c,b][e,d][d,c][d,b]$，且 $\bar{b}^3=\bar{d}^{-1}$，所以 $[d,b]=1$，$1=[e,d][d,c]$. 而 $[c,a]=[c^e,a^e]=[c,a]^e=[c,a][d,e]$，$[d,e]=1$，故 $[d,c]=1$，即有 $1=[d^{-1},c]=[b^3,c]=[b,c]^3=[b,c^3]$. c^3 与 b 交换，$c^3\in Z(G)$，矛盾. G 不是 capable 群.

定理 9.2.4　若 G 同构于群

(6) $G=\langle a,b,c,d,e \mid a^3=d^3=e^3=1,b^3=d^{-1},c^3=e^{-1},[b,a]=c,[c,a]=d,[c,b]=[d,a]=e,[c,d]=[d,b]=[e,a]=[e,b]=[e,d]=1\rangle$，

则 G 不是 capable 群.

证明　反证，若 G 是 capable 群，则可以推出矛盾.

若 G 是 capable 群，即存在群 H，使得 $H/Z(H)\cong G=\langle \bar{a},\bar{b}\rangle$. 设 $H=\langle a,b,Z(H)\rangle$. 由 $[c,b][e,a]=[c,b]^a=[cd,bc]$，计算可得 $[e,a]=[d,c]$. 又由 $\bar{a}^3=\bar{1}$，有 $1=[b,a^3]=[b,a]^3[c,a]^3[d,a]=[b^3,a][c,a]^3[b^{-3},a]=[c,a]^3=[c^3,a]$，所以 $1=[c^{-3},a]=[e,a]=[d,c]=[b^{-3},c]$. c^3 与 a,b 交换，$c^3\in Z(G)$，矛盾. G 不是 capable 群.

9.3　附　注

9.1 节的主要内容可在参考文献[4]中查到，定理 9.2.1～定理 9.2.4 的主要内容可在参考文献[33]中查到。

第 10 章　一些 C_2I_{n-1} 群的 capable 性质

10.1　相关定义和结果

定义 10.1.1[34]　一个有限群 G 被称为是一个 C_2I_{n-1} 群，如果 G 的所有的极大子群都同构且幂零类是 2.

引理 10.1.1[34]　设 G 为幂零类是 2 的有限 p 群，若 $d(G)=2$，则 G 是 C_2I_{n-1} 群当且仅当 G 是下列互不同构的群之一：

(1) $G=\langle a,b \mid a^{p^n}=b^{p^n}=c^{p^r}=1,[c,a]=1,[b,c]=1,[a,b]=c\rangle$. 当 $p=2$ 时，$n>r>1$；当 $p>2$ 时，$n\geqslant r>1$.

(2) $G=\langle a,b \mid a^{2^{n+1}}=b^{2^{n+1}}=c^{2^{n-1}}=1,b^{2^n}=a^{2^n},[a,c]=1,[c,b]=a^{-4}c^{-2},[a,b]=a^2c\rangle$，其中 $n\geqslant 2$.

引理 10.1.2[34]　设 G 为幂零类是 2 的有限 p 群，若 $d(G)=3$，则 G 是 C_2I_{n-1} 群当且仅当 G 是下列互不同构的群之一：

(1) $G=\langle a,b,c \mid a^{p^n}=c^{p^n}=b^{p^n}=1,x^{p^r}=z^{p^r}=y^{p^r}=1,[b,c]=z,[a,c]=y,[a,b]=x\rangle$. 当 $p=2$ 时，$n>r\geqslant 1$；当 $p>2$ 时，$n\geqslant r\geqslant 1$.

(2) $G=\langle a,b,c \mid a^4=c^4=b^4=1,x^2=z^2=y^2=1,c^2=x,[c,a]=z,[b,c]=y,[a,b]=x\rangle$.

(3) $G=\langle a,b,c \mid a^4=c^4=b^4=1,x^2=z^2=y^2=1,c^2=x,b^2=xz,[c,a]=z,[b,c]=y,[a,b]=x\rangle$.

(4) $G=\langle a,b,c \mid a^4=c^4=b^4=1,x^2=z^2=y^2=1,c^2=x,a^2=xyz,b^2=xz,[c,a]=z,[b,c]=y,[a,b]=x\rangle$.

引理 10.1.3[29]　设 G 是亚交换群，$a\in G,c\in G'$，n 为正整数，则 $[c^n,a]=[c,a]^n$.

引理 10.1.4[18]　设 G 是亚交换群，$a,b\in G$. 对于任意的正整数 i,j，设

$$[ia,jb]=[a,b,\underbrace{a,\cdots,a}_{i-1},\underbrace{b,\cdots,b}_{j-1}]$$

则对于任意的正整数 m,n，

$$[a^m,b^n]=\prod_{i=1}^{m}\prod_{j=1}^{n}[ia,jb]^{\binom{m}{i}\binom{n}{j}}$$

10.2　一些 C_2I_{n-1} 群的 capable 性质研究

对引理 10.1.2 中的群逐个检查.

定理 10.2.1　若 G 同构于引理 10.1.1 中群(1)：$G=\langle a,b \mid a^{p^n}=b^{p^n}=c^{p^r}=1,[c,a]=1,[b,c]=1,[a,b]=c\rangle$. 当 $p=2$ 时，$n>r>1$；当 $p>2$ 时，$n\geqslant r>1$，则 G 是 capable 群.

证明　从 p^{2n+r} 阶初等交换群出发，作循环扩张可构造出 H，使得 $H/Z(H)\cong G$.

设交换群 $A=\langle c\rangle\times\langle a\rangle\times\langle d\rangle\cong Z_{p^n}\times Z_{p^n}\times Z_{p^r}$，设 $\langle b\rangle$ 是 p^n 阶循环群，且 b 作用在 A 上，$d^b=d,a^b=ac,c^b=cd$. 令 $H=A\langle b\rangle=\langle a,b\rangle$，则 $|H|=p^{3n+r}$. $H=\langle a,b \mid a^{p^n}=b^{p^n}=c^{p^n}=d^{p^r}=1,[a,b]=c,[c,a]=1,[c,b]=d,[d,a]=[d,b]=[d,c]=1,[c^{p^r},b]=1\rangle$. 由定义关系可得中心 $Z(H)=\langle c^{p^r},d\rangle$，且 $H/Z(H)\cong G$，所以 G 是 capable 群.

定理 10.2.2　若 G 同构于引理 10.1.1 中群(2)，即 $G=\langle a,b \mid a^{2^{n+1}}=b^{2^{n+1}}=c^{2^{n-1}}=1,b^{2^n}=a^{2^n},[c,a]=1,[c,b]=a^{-4}c^{-2},[a,b]=a^2c\rangle$，其中 $n\geqslant 2$，则 G 不是 capable 群.

证明　若 G 是 capable 群，即存在群 H，使得 H 满足 $H/Z(H)\cong G=\langle \bar{a},\bar{b}\rangle$，则 $H=\langle a,b,Z(H)\rangle$，$c(H)=3$，且 H 亚交换. 由于 $c^{2^{n-1}}$ 及 $[a,c]$ 在中心中，所以 $1=[a,c^{2^{n-1}}]=[a,c]^{2^{n-1}}=[a^{2^{n-1}},c]$，而 $\bar{a}^{2^n}=\bar{b}^{2^n}$，故 $[a^{2^n},b]=1$，即 a^{2^n} 与 b 交换，$a^{2^n}\in Z(H)$，但 $n<n+1$，矛盾于 $\bar{a}^{2^{n+1}}=\bar{1}$，$G$ 不是 capable 群.

对引理 10.1.2 中的群逐个检查.

定理 10.2.3　若 G 同构于引理 10.1.2 中群(1)，即 $G=\langle a,b,c \mid a^{p^n}=c^{p^n}=b^{p^n}=1,x^{p^r}=z^{p^r}=y^{p^r}=1,[b,c]=z,[a,c]=y,[a,b]=x\rangle$. 当 $p=2$ 时，$n>r\geqslant 1$；当 $p>2$ 时，$n\geqslant r\geqslant 1$，则 G 是 capable 群.

证明　从 p^{3n+3r} 阶初等交换群出发，作循环扩张可构造出 H，使得 $H/Z(H)\cong G$.

设交换群 $A=\langle x\rangle\times\langle y\rangle\times\langle z\rangle\times\langle d\rangle\times\langle e\rangle\times\langle f\rangle\cong Z_{p^n}\times Z_{p^n}\times Z_{p^n}\times Z_{p^r}\times Z_{p^r}\times Z_{p^r}$，设 $\langle a\rangle$ 是 p^n 阶循环群，且 a 作用在 A 上，$x^a=x,y^a=y,z^a=zf,d^a=d,e^a=e,f^a=f$. 令 $B=A\langle a\rangle$，则 $|B|=p^{4n+3r}$.

设 $\langle b\rangle$ 是 p^n 阶循环群，且 b 作用在 B 上，$x^b=x,y^b=ye,z^b=z,d^b=d,e^b=e,a^b=ax$，令 $C=B\rtimes\langle b\rangle=\langle x,y,z,d,a,b\rangle$，则 $|C|=p^{5n+3r}$.

设 $\langle c\rangle$ 是 p^n 阶循环群，且 c 作用在 C 上，$x^c=xd,y^c=y,z^c=z,d^c=d,a^c=ay,b^c=bz$，令 $H=C\rtimes\langle c\rangle$，则 $H=\langle a,b,c \mid a^{p^n}=b^{p^n}=c^{p^n}=x^{p^n}=y^{p^n}=z^{p^n}=d^{p^r}=e^{p^r}=f^{p^r}=1,[b,c]=z,[a,c]=y,[a,b]=x,[x^{p^r},c]=[y^{p^r},b]=[z^{p^r},a]=1\rangle$ 是

p^{6n+3r} 阶群. 中心 $Z(H)=\langle x^{p^r},y^{p^r},z^{p^r},d,e,f\rangle$,且 $H/Z(H)\cong G$. G 是 capable 群.

定理 10.2.4 若 G 同构于引理 10.1.2 中群(2),即 $G=\langle a,b,c\mid a^4=c^4=b^4=1,x^2=z^2=y^2=1,c^2=x,[c,a]=z,[b,c]=y,[a,b]=x\rangle$,则 G 是 capable 群.

证明 从 2^6 阶初等交换群出发,作循环扩张可构造出 H,使得 $H/Z(H)\cong G$.

设交换群 $A=\langle x\rangle\times\langle y\rangle\times\langle z\rangle\times\langle d\rangle\times\langle e\rangle\times\langle f\rangle\cong Z_2\times Z_2\times Z_2\times Z_2\times Z_2\times Z_2$,设 $\langle c\rangle$ 是 2^2 阶循环群,且 c 作用在 A 上,$x^c=x,y^c=y,z^c=zd,f^c=f,d^c=d,e^c=e,c^2=x$. 令 $B=A\langle c\rangle$,则 $|B|=2^7$.

设 $\langle a\rangle$ 是 2^2 阶循环群,且 a 作用在 B 上,$x^a=x,y^a=y,z^a=ze,e^a=e,f^a=f,c^a=cz$,令 $C=B\rtimes\langle a\rangle=\langle a,x,y,f,c\rangle$,则 $|C|=2^9$.

设 $\langle b\rangle$ 是 2^2 阶循环群,且 b 作用在 C 上,$x^b=xf,a^b=ax,c^b=cy^{-1},y^b=y,f^b=f$,令 $H=C\rtimes\langle b\rangle$,则 $H=\langle a,b,c\mid a^4=c^4=b^4=1,x^2=z^2=y^2=1,f^2=d^2=e^2=1,c^2=x,[c,a]=z,[b,c]=y,[a,b]=x,[x,b]=f,[z,c]=d,[z,a]=e\rangle$. 中心 $Z(H)=\langle d,e,f\rangle$,且 $H/Z(H)\cong G$. G 是 capable 群.

定理 10.2.5 若 G 同构于引理 10.1.2 中群(3),即 $G=\langle a,b,c\mid a^4=c^4=b^4=1,x^2=z^2=y^2=1,c^2=x,b^2=xz,[c,a]=z,[b,c]=y,[a,b]=x\rangle$,则 G 是 capable 群.

证明 从 2^5 阶初等交换群出发,作循环扩张可构造出 H,使得 $H/Z(H)\cong G$.

设交换群 $A=\langle x\rangle\times\langle y\rangle\times\langle z\rangle\times\langle d\rangle\times\langle f\rangle\cong Z_2\times Z_2\times Z_2\times Z_2\times Z_2$,设 $\langle b\rangle$ 是 2^2 阶循环群,且 b 作用在 A 上,$x^b=xf,y^b=y,z^b=z,f^c=f,d^b=d,f^b=f,b^2=xz$. 令 $B=A\langle b\rangle$,则 $|B|=2^6$.

设 $\langle c\rangle$ 是 2^2 阶循环群,且 c 作用在 B 上,$x^c=x,y^c=yf,z^c=zd,d^c=d,f^c=f,b^c=by,c^2=x$,令 $C=B\langle c\rangle=\langle d,x,z,b,c\rangle$,则 $|C|=2^7$.

设 $\langle a\rangle$ 是 2^2 阶循环群,且 a 作用在 C 上,$x^a=xd,z^a=z,b^a=bx^{-1},c^a=cz,d^a=d,y^a=y$,令 $H=C\rtimes\langle a\rangle$,则 $H=\langle a,b,c\mid a^4=c^4=b^4=1,x^2=z^2=y^2=1,f^2=d^2=1,b^2=xz,c^2=x,[c,a]=z,[b,c]=y,[a,b]=x,[x,a]=[z,c]=d,[x,b]=[y,c]=f\rangle$. 中心 $Z(H)=\langle d,f\rangle$,且 $H/Z(H)\cong G$. G 是 capable 群.

定理 10.2.6 若 G 同构于引理 10.1.2 中群(4),即 $G=\langle a,b,c\mid a^4=c^4=b^4=1,x^2=z^2=y^2=1,c^2=x,a^2=xyz,b^2=xz,[c,a]=z,[b,c]=y,[a,b]=x\rangle$,则 G 是 capable 群.

证明 从 2^6 阶初等交换群出发,作循环扩张可构造出 H,使得 $H/Z(H)\cong G$.

设交换群 $A=\langle x\rangle\times\langle y\rangle\times\langle z\rangle\times\langle e\rangle\times\langle d\rangle\times\langle f\rangle\cong Z_2\times Z_2\times Z_2\times Z_2\times Z_2\times Z_2$,设 $\langle c\rangle$ 是 2^2 阶循环群,且 c 作用在 A 上, $x^c=xf,y^c=y,z^c=z,e^c=e,d^c=d,f^c=f,c^2=x$,令 $B=A\langle c\rangle$,则 $|B|=2^7$.

设 $\langle a\rangle$ 是 2^2 阶循环群,且 a 作用在 B 上,$x^a=x,y^a=y,z^a=ze,d^a=d,e^a=e,c^a=cz,a^2=xyz$,令 $C=B\langle a\rangle=\langle y,x,z,d,c,a\rangle$,则 $|C|=2^8$.

设$\langle b\rangle$是 2^2 阶循环群，且 b 作用在 C 上，$a^b=ax$，$d^b=d$，$c^b=cy^{-1}$，$y^b=y$，$z^b=z$，$x^b=xd$，$b^2=xz$，令 $H=C\langle b\rangle$，则 $H=\langle a,b,c\mid a^4=c^4=b^4=1,x^2=z^2=y^2=1,e^2=f^2=d^2=1,c^2=x,a^2=xyz,b^2=xz,[c,a]=z,[b,c]=y,[a,b]=x,[x,b]=[c^2,b]=d,[z,a]=[b^2,a]=e,[x,c]=[c^2,a]=f\rangle$. 中心 $Z(H)=\langle d,e,f\rangle$，且 $H/Z(H)\cong G$. G 是 capable 群.

10.3 附　注

10.1 节的主要内容可在参考文献[18,29,34]中查到。

第 11 章　一类 p^5 阶的 capable 群

11.1　相关定义和结果

引理 11.1.1　设有限交换群 $G=\langle a_1\rangle\times\langle a_2\rangle\times\cdots\times\langle a_n\rangle$，$n>1$，$o(a_i)=m_i$，$o(a_{i+1})\mid o(a_i)$，$i=1,2,\cdots,n-1$，则存在群 H，使得 $H/Z(H)\cong G$ 当且仅当 $m_1=m_2$.

定义 11.1.1　设群 G 为 p 群.

(1) 称 G 为特殊的，如果 G 满足以下条件之一：

(i) 若 G 为初等交换群；

(ii) $\Phi(G)=G'=Z(G)$ 是初等交换的.

(2) 称非交换的特殊 p 群 G 为超特殊的，如果 G 又满足 $|Z(G)|=p$.

引理 11.1.2[9]　设 G 是超特殊 p 群，则 G 是 capable 群当且仅当 $G\cong D_8$，或 $G\cong M_{p^3}$，其中 M_{p^3} 为 p^3 阶方次数为 p 的非交换群.

引理 11.1.3　设 $H_1\cong G_1/Z(G_1)$，$H_2\cong G_2/Z(G_2)$，令 $G=G_1\times G_2$，则 $H_1\times H_2\cong G/Z(G)$.

证明　考虑群 $G=G_1\times G_2$ 到 $G_1/Z(G_1)\times G_2/Z(G_2)$ 内的映射：

$$\sigma:(g_1,g_2)\to(g_1Z(G_1),g_2Z(G_2)),\ \forall g_1\in G_1,g_2\in G_2$$

易证 σ 是同态映射，且 $\operatorname{Ker}\sigma=Z(G_1)\times Z(G_2)$.

由同态基本定理可得 $(G_1\times G_2)/(Z(G_1)\times Z(G_2))\cong G_1/Z(G_1)\times G_2/Z(G_2)$，即 $G/Z(G)\cong G_1/Z(G_1)\times G_2/Z(G_2)\cong H_1\times H_2$.

定义 11.1.2　设 G 是正则 p 群，$\exp(G)=p^e$. 对于 $1\leqslant s\leqslant e$，令

$$p^{\omega_s(G)}=|\Omega_s(G)/\Omega_{s-1}(G)|$$

称 $(\omega_1,\omega_2,\cdots,\omega_e)$ 为 G 的 ω-不变量，其中 $\omega_s=\omega_s(G)$.

定义 11.1.3　对于任意的正整数 i，$1\leqslant i\leqslant\omega$，令 e_i 为在集合 $\{\omega_1,\omega_2,\cdots,\omega_e\}$ 中 $\geqslant i$ 的元素个数，这样得到一组正整数 $e_1\geqslant e_2\geqslant\cdots\geqslant e_\omega$，称它们为 G 的 e-不变量，或型不变量，记作 $(e_1,e_2,\cdots,e_\omega)$.

引理 11.1.4[18]　设 G 是有限 p 群.

(1) 若 $c(G)<p$，则 G 正则；

(2) 若 $|G|\leqslant p^p$，则 G 正则；

(3) 若 $p>2$ 且 G' 循环，则 G 正则；

(4) 若 $\exp(G)=p$，则 G 正则.

引理 11.1.5[18]　设 G 是有限正则 p 群，$a,b\in G$，s,t 为非负整数，则

$$[a^{p^s},b^{p^t}]=1\Leftrightarrow[a,b]^{p^{s+t}}=1$$

引理 11.1.6[7]　设有限 p 群 $G=\langle a_1,a_2,\cdots,a_k\rangle$，其中 $\{a_1,a_2,\cdots,a_k\}$ 为 G 的极小生成系，$o(a_1)\leqslant o(a_2)\leqslant\cdots\leqslant o(a_k)$，且 $c(G)<p$，G 是 capable 群，则 $k>1$ 且 $o(a_{k-1})=o(a_k)$.

设 G 为 $p^5(p\geqslant5)$ 阶群，$p\geqslant5$，$c(G)\leqslant4$，由引理 11.1.6 可知，G 的型不变量为(i)(5)，(ii)(4,1)，(iii)(3,2)，(iv)(3,1,1)，(v)(2,1,1,1)时，G 不是 capable 群.

引理 11.1.7[35]　设 G 为正则 p 群，且 e-型不变量为(1,1,1,1,1)，则 G 同构于以下群之一：

$d(G)=5$：

(1) G 为 p^5 阶初等交换群.

$d(G)=4$：

(2) $G=\langle a,b,c,d,e\rangle=\langle c,d\rangle\times\langle a,b,e\rangle$，这里 $\langle c,d\rangle\cong C_p\times C_p$ 和 $\langle a,b,e\mid a^p=b^p=e^p=1,[b,a]=e\rangle$ 为 p^3 阶非交换群，且方次数为 p.

(3) $G=\langle a,b,c,d,e\mid a^p=b^p=c^p=d^p=e^p=1,[b,a]=e=[d,c],[a,d]=1,[b,d]=1,[a,c]=[b,c]=1,[e,c]=1,[d,e]=[a,e]=[e,b]=1\rangle$ 为超特殊 p 群，且同构于 $\langle a,b\rangle * \langle c,d\rangle$.

$d(G)=3$：

(4) $G=\langle a,b,c,d,e\mid a^p=b^p=c^p=e^p=d^p=1,[c,a]=e,[b,a]=d,[b,d]=[c,d]=1,[d,e]=1,[b,c]=[a,d]=1,[a,e]=[b,e]=[c,e]=1\rangle$，$(c(G)=2)$.

(5) $G=\langle a,b,c,d,e\rangle=\langle c\rangle\times\langle a,b,d,e\rangle$，这里 $\langle c\rangle\cong C_p$ 且 $\langle a,b,d,e\rangle$ 有以下定义关系：$a^p=b^p=d^p=e^p=1,[d,a]=e,[b,d]=1,[b,a]=d,[e,a]=[b,e]=[d,e]=1$，$(c(G)=3)$.

(6) $G=\langle a,b,c,d,e\mid a^p=b^p=c^p=d^p=e^p=1,[b,a]=d,[d,a]=[c,b]=e,[c,a]=1,[d,b]=[c,d]=1,[a,e]=[e,b]=1,[c,e]=[d,e]=1\rangle$ $(c(G)=3)$.

$d(G)=2$：

(7) $G=\langle a,b,c,d,e\mid a^p=b^p=c^p=d^p=e^p=1,[b,a]=c,[c,b]=e,[c,a]=d,[e,d]=[a,e]=1,[a,d]=[d,b]=[c,d]=1,[e,b]=[c,e]=1\rangle$，$(c(G)=3)$.

(8) $G=\langle a,b,c,d,e\mid a^p=b^p=c^p=d^p=e^p=1,[b,a]=c,[d,a]=e,[c,a]=d,[a,e]=[e,b]=1,[c,e]=[d,e]=1,[b,c]=[d,b]=[c,d]=1\rangle$，$(c(G)=4)$.

(9) $G=\langle a,b,c,d,e\mid a^p=b^p=c^p=d^p=e^p=1,[b,a]=c,[c,a]=d,[c,b]=e=[d,a],[a,e]=[b,e]=1,[d,c]=[b,d]=1,[c,e]=[d,e]=1\rangle$，$(c(G)=4)$.

11.2　一类 p^5 阶群的 capable 性质研究

对引理 11.1.7 中的群逐个检查. 群(1)是交换群，由引理 11.1.1 可知(1)是 capable 群；由引理 11.1.2 可知超特殊 p 群(3)不是 capable 群.

对于其他情形，分别证明，如下：

定理 11.2.1 若 G 同构于群(2)$\langle a,b,c,d,e\rangle=\langle c,d\rangle\times\langle a,b,e\rangle$，这里$\langle c,d\rangle\cong C_p\times C_p$和$\langle a,b,e\mid a^p=b^p=e^p=1,[b,a]=e\rangle$ 为 p^3 阶非交换群，且方次数为 p，则 G 是 capable 群.

证明 因为群(2)$G=\langle a,b,c,d,e\rangle=\langle c,d\rangle\times\langle a,b,e\rangle$，$\langle c,d\rangle\cong C_p\times C_p$，由引理 11.1.1 可知，$\langle c,d\rangle$是 capable 群，$\langle a,b,e\rangle$为 p^3 阶 capable 群. 故由命题 2.2.2 可得 G 是 capable 群.

定理 11.2.2 若 G 为群(4)，即 $G=\langle a,b,c,d,e\mid a^p=b^p=c^p=e^p=d^p=1,[c,a]=e,[b,a]=d,[b,d]=[c,d]=1,[d,e]=1,[b,c]=[a,d]=1,[a,e]=[b,e]=[c,e]=1\rangle$，则 G 是 capable 群.

证明 当 G 为群(4)时，对 p^6 阶初等交换群 $A=\langle b\rangle\times\langle c\rangle\times\langle d\rangle\times\langle e\rangle\times\langle f\rangle\times\langle g\rangle\cong Z_p\times Z_p\times Z_p\times Z_p\times Z_p\times Z_p$ 作 p 次可裂扩张，事实上，$b^a=bd$，$b^{a^p}=b$，$c^a=ce$，$c^{a^p}=c$，$d^a=df$，$d^{a^p}=d$，$e^a=eg$，$e^{a^p}=e$，所以有 p^7 阶群 $H=(\langle b\rangle\times\langle c\rangle\times\langle d\rangle\times\langle e\rangle\times\langle f\rangle\times\langle g\rangle)\rtimes\langle a\rangle=\langle a,b,c\mid a^p=b^p=c^p=d^p=e^p=f^p=g^p=1,[b,a]=d,[c,a]=e,[d,a]=f,[e,a]=g,[c,b]=[d,b]=[d,c]=[e,b]=[e,c]=[e,d]=[f,a]=[f,b]=[f,c]=[f,d]=[f,e]=[g,a]=[g,b]=[g,c]=[g,d]=[g,e]=[g,f]=1\rangle$，由定义关系可得中心 $Z(H)=\langle f,g\rangle$是 p^2 阶群，且 $H/Z(H)\cong G$，所以 G 是 capable 群.

定理 11.2.3 若 G 为群(5)，即 $G=\langle a,b,c,d,e\rangle=\langle c\rangle\times\langle a,b,d,e\rangle$，这里$\langle c\rangle\cong C_p$ 且$\langle a,b,d,e\rangle$ 有以下定义关系：$a^p=b^p=d^p=e^p=1,[d,a]=e,[b,d]=1,[b,a]=d,[e,a]=[b,e]=[d,e]=1$，则 G 是 capable 群.

证明 从 p^4 阶初等交换群出发，作循环扩张可构造出 H，使得 $H/Z(H)\cong G$.

设交换群 $A=\langle c\rangle\times\langle d\rangle\times\langle e\rangle\times\langle f\rangle\cong Z_p\times Z_p\times Z_p\times Z_p$，设$\langle b\rangle$是 p 阶循环群，且 b 作用在 A 上，$c^b=cf$，$d^b=d$，$e^b=e$，$f^b=f$. 令 $B=A\rtimes\langle b\rangle=\langle b,c,d,e\rangle$，则$|B|=p^5$.

设$\langle a\rangle$是 p 阶循环群，且 a 作用在 B 上，$b^a=bd$，$d^a=de$，$c^a=c$，$f^a=f$，令 $H=B\rtimes\langle a\rangle$，则 $H=\langle a,b,c\mid a^p=b^p=c^p=d^p=e^p=f^p=1,[b,a]=d,[c,b]=f,[d,a]=e,[b,d]=[c,d]=1,[d,e]=[a,e]=[b,e]=[c,e]=1,[f,a]=[f,b]=[f,c]=[f,d]=[f,e]=1\rangle$是 p^6 阶群，中心 $Z(H)=\langle f\rangle$，且 $H/Z(H)\cong G$. G 是 capable 群.

定理 11.2.4 若 G 为群(6)，即 G 同构于$G=\langle a,b,c,d,e\mid a^p=b^p=c^p=d^p=e^p=1,[b,a]=d,[d,a]=[c,b]=e,[c,a]=1,[d,b]=[c,d]=1,[a,e]=[e,b]=1,[c,e]=[d,e]=1\rangle$，则 G 是 capable 群.

证明 从 p^3 阶初等交换群出发，作循环扩张可构造出 H，使得 $H/Z(H)\cong G$. 设交换群 $A=\langle d\rangle\times\langle e\rangle\times\langle f\rangle\cong Z_p\times Z_p\times Z_p$.

令映射 σ：$\begin{cases} d \to df^{-1} \\ e \to e \\ f \to f \end{cases}$，再把它扩充到整个 A 上，易证 σ 是 A 的 p 阶自同构.

设 $\langle c \rangle$ 是 p 阶循环群，且 c 在 A 上的作用与 σ 相同. 令 $B = A \rtimes \langle c \rangle = \langle c, d, e \rangle$，则 $|B| = p^4$.

在 B 中规定映射 β：$\begin{cases} c \to ce \\ d \to d \\ e \to e \end{cases}$，再把它扩充到整个 B 上，易证 β 是 B 的 p 阶自同构. 设 $\langle b \rangle$ 是 p 阶循环群，且 b 在 B 上的作用与 β 相同，令 $C = B \rtimes \langle b \rangle = \langle b, c, d, e \rangle$，则 $|C| = p^5$.

在 C 中规定映射 γ：$\begin{cases} b \to bd \\ c \to c \\ d \to de \\ e \to ef \end{cases}$，再把它扩充到整个 C 上，易证 γ 是 C 的 p 阶自同构. 设 $\langle a \rangle$ 是 p 阶循环群，且 a 在 C 上的作用与 γ 相同，令 $H = C \rtimes \langle a \rangle$，则 $H = \langle a, b, c, d, e \mid a^p = c^p = b^p = e^p = d^p = 1, [b, a] = d, [d, a] = e, [c, b] = e, [e, a] = f = [c, d], [b, d] = [a, c] = 1, [b, e] = [c, e] = [d, e] = 1, [f, a] = [f, b] = [f, c] = [f, d] = [f, e] = 1 \rangle$ 是 p^6 阶群. 中心 $Z(H) = \langle f \rangle$，且 $H/Z(H) \cong G$. G 是 capable 群.

定理 11.2.5　若 G 为群(7)，即 G 同构于 $G = \langle a, b, c, d, e \mid a^p = b^p = c^p = d^p = e^p = 1, [b, a] = c, [c, b] = e, [c, a] = d, [e, d] = [a, e] = 1, [a, d] = [d, b] = [c, d] = 1, [e, b] = [c, e] = 1 \rangle$，则 G 是 capable 群.

证明　从 p^4 阶初等交换群出发，作循环扩张可构造出 H，使得 $H/Z(H) \cong G$. 设交换群 $A = \langle c \rangle \times \langle d \rangle \times \langle e \rangle \times \langle f \rangle \cong Z_p \times Z_p \times Z_p \times Z_p$.

令映射 σ：$\begin{cases} c \to ce \\ d \to d \\ e \to e \\ f \to f \end{cases}$，再把它扩充到整个 A 上，易证 σ 是 A 的 p 阶自同构.

设 $\langle b \rangle$ 是 p 阶循环群，且 b 在 A 上的作用与 σ 相同. 令 $B = A \rtimes \langle b \rangle = \langle b, c, d, f \rangle$，则 $|B| = p^5$.

在 B 中规定映射 β：$\begin{cases} b \to bc \\ c \to cd \\ d \to df \\ f \to f \end{cases}$，再把它扩充到整个 B 上，易证 β 是 B 的 p 阶自同构. 设 $\langle a \rangle$ 是 p 阶循环群，且 a 在 B 上的作用与 β 相同，令 $H = B \rtimes \langle a \rangle$，则 $H = \langle a, b \mid a^p = b^p = c^p = d^p = e^p = f^p = 1, [b, a] = c, [c, b] = e, [c, a] = d, [d, a] = f, [d, b] = [d, c] = 1, [d, e] = [a, e] = [b, e] = [c, e] = 1, [f, a] = [f, b] = [f, c] = [f, d] =$

$[f,e]=1\rangle$ 是 p^6 阶群，中心 $Z(H)=\langle f\rangle$，且 $H/Z(H)\cong G$. G 是 capable 群.

定理 11.2.6 若 G 为群(8)，即 G 同构于 $G=\langle a,b,c,d,e\mid a^p=b^p=c^p=d^p=e^p=1,[b,a]=c,[d,a]=e,[c,a]=d,[a,e]=[e,b]=1,[c,e]=[d,e]=1,[b,c]=[d,b]=[c,d]=1\rangle$，则 G 是 capable 群.

证明 从 p^5 阶初等交换群出发，作循环扩张可构造出 H，使得 $H/Z(H)\cong G$. 设交换群 $A=\langle b\rangle\times\langle c\rangle\times\langle d\rangle\times\langle e\rangle\times\langle f\rangle\cong Z_p\times Z_p\times Z_p\times Z_p\times Z_p$.

令映射 $\sigma:\begin{cases}b\to bc\\ c\to cd\\ d\to de\\ e\to ef\\ f\to f\end{cases}$，再把它扩充到整个 A 上，易证 σ 是 A 的 p 阶自同构.

设 $\langle a\rangle$ 是 p 阶循环群，且 a 在 A 上的作用与 σ 相同. 令 $H=A\rtimes\langle a\rangle$，则 $H=\langle a,b\mid a^p=b^p=c^p=d^p=e^p=f^p=1,[b,a]=c,[c,a]=d,[d,a]=e,[e,a]=f,[c,b]=[d,b]=[d,c]=[e,b]=[e,c]=[e,d]=1,[f,a]=[f,b]=[f,c]=[f,d]=[f,e]=1\rangle$ 是 p^6 阶群，$Z(H)=\langle f\rangle$，且 $H/Z(H)\cong G$. G 是 capable 群.

定理 11.2.7 若 G 为群(9)，即 G 同构于 $G=\langle a,b,c,d,e\mid a^p=b^p=c^p=d^p=e^p=1,[b,a]=c,[c,a]=d,[c,b]=e=[d,a],[a,e]=[b,e]=1,[d,c]=[b,d]=1,[c,e]=[d,e]=1\rangle$，则 G 是 capable 群.

证明 从 p^4 阶初等交换群出发，作循环扩张可构造出 H，使得 $H/Z(H)\cong G$. 设交换群 $A=\langle c\rangle\times\langle d\rangle\times\langle e\rangle\times\langle f\rangle\cong Z_p\times Z_p\times Z_p\times Z_p$.

令映射 $\sigma:\begin{cases}c\to ce\\ d\to df\\ e\to e\\ f\to f\end{cases}$，再把它扩充到整个 A 上，易证 σ 是 A 的 p 阶自同构.

设 $\langle b\rangle$ 是 p 阶循环群，且 b 在 A 上的作用与 σ 相同. 令 $B=A\rtimes\langle b\rangle=\langle b,c,d,f\rangle$，则 $|B|=p^5$.

在 B 中规定映射 $\beta:\begin{cases}b\to bc\\ c\to cd\\ d\to de\\ e\to ef\\ f\to f\end{cases}$，再把它扩充到整个 B 上，易证 β 是 B 的 p 阶自同构. 设 $\langle a\rangle$ 是 p 阶循环群，且 a 在 B 上的作用与 β 相同，令 $H=B\rtimes\langle a\rangle$，则 $H=\langle a,b,c,d,e\mid a^p=c^p=b^p=e^p=d^p=1,[c,a]=d,[b,a]=c,[c,b]=e=[d,a],[e,a]=f=[d,b],[b,e]=[c,e]=[d,e]=1,[d,c]=1,[f,a]=[f,b]=[f,c]=[f,d]=[f,e]=1\rangle$ 是 p^6 阶群，中心 $Z(H)=\langle f\rangle$，且 $H/Z(H)\cong G$. G 是 capable 群.

综上可得，群(1)，(2)，(4)～(9)是 capable 群.

11.3　一些 capable 2 群

本节对一些 2^5 阶群能否充当中心商群做了探索.

由引理 11.1.1 可得,所有 2^5 阶交换群中只有下面两个群:

(1) $C_2 \times C_2 \times C_2 \times C_2 \times C_2$;

(2) $C_{2^2} \times C_{2^2} \times C_2$;

是 capable 群.

定理 11.3.1　2^5 阶非交换的亚循环群 G 是 capable 群,则 G 同构于下列群之一:

(1) $\langle a, b \mid a^8 = b^4 = 1, a^b = a^3 \rangle$;

(2) D_{32}.

证明　当 G 为 2^5 阶非交换的亚循环群时,G 为下列群之一:

(1) $\langle a, b \mid a^8 = b^4 = 1, [a, b] = a^4 \rangle$;

(2) $\langle a, b \mid a^4 = b^8 = 1, a^b = a^{-1} \rangle$;

(3) $\langle a, b \mid a^{16} = b^2 = 1, a^b = a^9 \rangle$;

(4) $\langle a, b \mid a^8 = b^4 = 1, a^b = a^{-1} \rangle$;

(5) $\langle a, b \mid a^8 = b^4 = 1, a^b = a^3 \rangle$;

(6) $\langle a, b \mid a^8 = 1, a^4 = b^4, a^b = a^{-1} \rangle$;

(7) D_{32};

(8) SD_{32};

(9) Q_{32}.

由定理 4.2.2 可知,在 2^5 阶非交换的亚循环群中,只有群(5)和群(7)是 capable 群.进一步地,群(5)和群(7)是定理 11.3.1 中的(1)和(2)型群.

定理 11.3.2　2^5 阶非亚循环的内交换群 G 是 capable 群,则 G 同构于$\langle a, b, c \mid a^4 = b^4 = c^2 = 1, [a, b] = c, [a, c] = [b, c] = 1 \rangle$.

证明　2^5 阶非亚循环的内交换群只能是以下两种情形:

$$\langle a, b, c \mid a^4 = b^4 = c^2 = 1, [a, b] = c, [a, c] = [b, c] = 1 \rangle$$

或

$$\langle a, b, c \mid a^8 = b^2 = c^2 = 1, [a, b] = c, [a, c] = [b, c] = 1 \rangle$$

根据定理 5.2.1,只有第一种群是 capable 群.

定理 11.3.3　当 G 为下列群时,(1)和(2)是 capable 群.

(1) $D_8 \times Z_2 \times Z_2$;

(2) $D_{16} \times Z_2$;

(3) $D_8 \times Z_4$.

证明　根据命题 2.2.4、推论 2.2.3 及命题 2.2.2,可得群(1)和群(2)是 capable 群.

引理 11.3.1[11] 四元数群 $Q_{2^n}(n>2)$ 和半二面体群 $SD_{2^n}(n>3)$ 不能是 capable 群的正规子群.

定理 11.3.4 设 G 为下列群之一,

(1) $Q_8\times Z_2\times Z_2$;

(2) $(Q_8 * Z_4)\times Z_2$;

(3) $Q_8\times Z_4$;

(4) $SD_{16}\times Z_2$;

(5) $Q_{16}\times Z_2$;

(6) $\langle a,b\mid a^8=1,b^2=a^4,[a,b]=c,c^2=b^2,[c,b]=c^2,[a,c]=1\rangle$;

(7) $Q_8 * Q_8$;

(8) $D_8 * Q_8$;

(9) SD_{32};

(10) Q_{32};

则 G 不是 capable 群.

证明 群(1)～群(5),群(7)～群(10)的情形,由定义关系直接可知它们均有 Q_8 或 SD_{2^n} 为其正规子群;群(6)中,$G=\langle a,b\mid a^8=1,b^2=a^4,[a,b]=c,c^2=b^2,[c,b]=c^2,[a,c]=1\rangle$,可找到子群 $\langle b,c\rangle=Q_8\trianglelefteq G$,利用引理 11.3.1 可得它们均不是 capable 群.

引理 11.3.2[12] 若 G 是 capable 群,则 $G\times Z_p$ 是 capable 群.

由引理 11.3.2 及定理 7.2.1 可知下列群是 capable 群.

$H\times Z_2$,其中 $H=\langle a,b\mid a^4=b^2=c^2=1,[a,b]=c,[a,c]=[b,c]=1\rangle$ 为 2^4 阶内交换的非亚循环群.

11.4 附 注

11.1 节的主要内容可在参考文献[7,9,18,35]中查到,定理 11.2.1～定理 11.2.7 的主要内容选自参考文献[36]。

第 12 章　$p^5(p\geqslant 5)$阶的 capable 群

12.1　相关定义和结果

引理 12.1.1　设有限交换群$G=\langle a_1\rangle\times\langle a_2\rangle\times\cdots\times\langle a_n\rangle, n>1, o(a_i)=m_i$, $o(a_{i+1})\mid o(a_i), i=1,2,\cdots,n-1$,则存在群 H,使得 $H/Z(H)\cong G$ 当且仅当 $m_1=m_2$.

定义 12.1.1　设群 G 为 p 群.

(1) 称 G 为特殊的,如果 G 满足以下条件之一:

(i) 若 G 为初等交换群;

(ii) $\Phi(G)=G'=Z(G)$是初等交换的.

(2) 称非交换的特殊 p 群 G 为超特殊的,如果 G 又满足$|Z(G)|=p$.

引理 12.1.2[9]　设 G 是超特殊 p 群,则 G 是 capable 群当且仅当 $G\cong D_8$,或 $G\cong M_{p^3}$,其中 M_{p^3} 为 p^3 阶方次数为 p 的非交换群.

定理 12.1.1　内交换 p 群 G 是 capable 群当且仅当 G 是下列群之一:

(1) G 为亚循环群:

(i) $p>2$.

① $G=\langle a,b\mid a^{p^m}=b^{p^m}=1, a^b=a^{1+p^{m-1}}\rangle, m\geqslant 2$.

(ii) $p=2$.

② $G=\langle a,b\mid a^{2^m}=b^{2^m}=1, a^b=a^{1+2^{m-1}}\rangle, m>2$;

③ $G=\langle a,b\mid a^{2^2}=b^2=1, a^b=a^{-1}\rangle=D_8$.

(2) G 为非亚循环群:

(i) $p>2$.

④ $G=\langle a,b\mid a^{p^m}=b^{p^m}=c^p=1, [a,b]=c, [a,c]=[b,c]=1\rangle$.

(ii) $p=2$.

⑤ $G=\langle a,b\mid a^{2^m}=b^{2^m}=c^2=1, [a,b]=c, [a,c]=[b,c]=1\rangle, m>1$;

⑥ $G=\langle a,b\mid a^{2^2}=b^2=c^2=1, [a,b]=c, [a,c]=[b,c]=1\rangle$.

定义 12.1.2　设 G 是正则 p 群,$\exp(G)=p^e$. 对于 $1\leqslant s\leqslant e$,令

$$p^{\omega_s(G)}=|\Omega_s(G)/\Omega_{s-1}(G)|$$

称$(\omega_1,\omega_2,\cdots,\omega_e)$为 G 的 ω-不变量,其中 $\omega_s=\omega_s(G)$.

定义 12.1.3 对于任意的正整数 $i,1\leqslant i\leqslant \omega$，令 e_i 为在集合 $\{\omega_1,\omega_2,\cdots,\omega_e\}$ 中 $\geqslant i$ 的元素个数，这样得到一组正整数 $e_1\geqslant e_2\geqslant\cdots\geqslant e_\omega$，称它们为 G 的 e-不变量，或型不变量，记作 $(e_1,e_2,\cdots,e_\omega)$.

引理 12.1.3[18] 设 G 是有限 p 群.

(1) 若 $c(G)<p$，则 G 正则；

(2) 若 $|G|\leqslant p^p$，则 G 正则；

(3) 若 $p>2$ 且 G' 循环，则 G 正则；

(4) 若 $\exp(G)=p$，则 G 正则.

引理 12.1.4[18] 设 G 是有限正则 p 群，$a,b\in G$，s,t 为非负整数，则

$$[a^{p^s},b^{p^t}]=1\Leftrightarrow[a,b]^{p^{s+t}}=1$$

引理 12.1.5[7] 设有限 p 群 $G=\langle a_1,a_2,\cdots,a_k\rangle$，其中 $\{a_1,a_2,\cdots,a_k\}$ 为 G 的极小生成系，$o(a_1)\leqslant o(a_2)\leqslant\cdots\leqslant o(a_k)$，且 $c(G)<p$，G 是 capable 群，则 $k>1$ 且 $o(a_{k-1})=o(a_k)$.

设 G 为 $p^5(p\geqslant 5)$ 阶群，$p\geqslant 5$，$c(G)\leqslant 4$，由引理 12.1.5 可知，G 的型不变量为：(i) (5)，(ii) (4,1)，(iii) (3,2)，(iv) (3,1,1)，(vi) (2,1,1,1)时，G 不是 capable 群.

引理 12.1.6[35] 设 G 为正则 p 群，且 e-型不变量为(2,2,1)，则 G 同构于以下群之一：

(1) $\langle a,b,c\mid a^{p^2}=b^{p^2}=c^p=1,[b,a]=c,[c,b]=[c,a]=1\rangle(d(G)=2)$；

(2) $\langle a,b,c\mid a^{p^2}=b^{p^2}=c^p=1,[b,a]=c,[c,a]=1,[c,b]=b^p\rangle(d(G)=2)$；

(3) $\langle a,b,c\mid a^{p^2}=b^{p^2}=c^p=1,[b,a]=c,[c,a]=1,[c,b]=a^p\rangle(d(G)=2)$；

(4) $\langle a,b,c\mid a^{p^2}=b^{p^2}=c^p=1,[b,a]=c,[c,b]=b^p,[c,a]=a^p\rangle(d(G)=2)$；

(5) $\langle a,b,c\mid a^{p^2}=b^{p^2}=c^p=1,[b,a]=c,[c,a]=1,[c,b]=a^{\nu p}\rangle$，这里 ν 为模 p 非二次剩余$(d(G)=2)$；

(6) $\langle a,b,c\mid a^{p^2}=b^{p^2}=c^p=1,[b,a]=c,[c,a]=b^{-p}\rangle,[c,b]=a^pb^{hp},h=0,1,\cdots,\dfrac{p-1}{2}\left(d(G)=2,\dfrac{p+1}{2}\text{个群}\right)$；

(7) $\langle a,b,c\mid a^{p^2}=b^{p^2}=c^p=1,[b,a]=c,[c,a]=b^{-yp},[c,b]=a^{yp}b^{2yp}\rangle$，这里 y 为模 p 非二次剩余$(d(G)=2)$；

(8) $\langle a,b,c\mid a^{p^2}=b^{p^2}=c^p=1,[b,a]=c,[c,a]=b^{-p},[c,b]=a^{yp}b^{hp}\rangle$，这里 y 为模 p 非二次剩余，$h=0,1,\cdots,\dfrac{p-1}{2}\left(d(G)=2,\dfrac{p+1}{2}\text{个群}\right)$；

(9) $C_{p^2}\times C_{p^2}\times C_p(d(G)=3)$；

(10) $\langle a,b,c\mid a^{p^2}=b^{p^2}=c^p=1,[b,a]=[c,a]=1,[b,c]=a^p\rangle(d(G)=3)$；

(11) $\langle a,b,c\mid a^{p^2}=b^{p^2}=c^p=1,[b,a]=[c,a]=1,[b,c]=b^p\rangle(d(G)=3)$；

(12) $\langle a,b,c\mid a^{p^2}=b^{p^2}=c^p=1,[b,a]=1,[c,a]=a^p,[b,c]=b^{-p}\rangle(d(G)=3)$；

(13) $\langle a,b,c\mid a^{p^2}=b^{p^2}=c^p=1,[b,a]=a^p,[c,a]=[b,c]=1\rangle(d(G)=3)$；

(14) $\langle a,b,c\mid a^{p^2}=b^{p^2}=c^p=1,[b,a]=1,[b,c]=a^pb^{hp},[c,a]=b^p\rangle$，这里$h=0,1,\cdots,\frac{p-1}{2}\left(d(G)=3,\frac{p+1}{2}\text{个群}\right)$；

(15) $\langle a,b,c\mid a^{p^2}=b^{p^2}=c^p=1,[b,a]=1,[b,c]=a^pb^{hp},[c,a]=b^{\nu p}\rangle$，这里$h=0,1,\cdots,\frac{p+1}{2}$，$\nu$ 为模 p 非二次剩余$\left(d(G)=3,\frac{p+1}{2}\text{个群}\right)$；

(16) $\langle a,b,c\mid a^{p^2}=b^{p^2}=c^p=1,[b,a]=b^p,[c,b]=1,[c,a]=a^p\rangle(d(G)=3)$；

(17) $\langle a,b,c\mid a^{p^2}=b^{p^2}=c^p=1,[b,a]=a^p,[c,b]=1,[c,a]=b^p\rangle(d(G)=3)$.

12.2　$p^5(p\geqslant 5)$阶群的 capable 性质研究

对引理 12.1.6 中的群逐个检查.群(9)交换，由引理 12.1.1 可知群(9)是 capable 群，由定理 12.1.1 可知群(1)是 capable 群.

对于其他情形，下面将分别给出证明.

定理 12.2.1　若 G 为群(2)，则 G 不是 capable 群.

证明　G 为群(2)时，$G=\langle a,b,c\mid a^{p^2}=b^{p^2}=c^p=1,[b,a]=c,[c,a]=1,[c,b]=b^p\rangle$. 因为 $c(G)=3$，所以若存在 p 群 H，使得 $H/Z(H)\cong G=\langle\bar{a},\bar{b}\rangle$，则有 $c(H)=4<p$，H 正则，即 G 为正则 p 群的中心商. 设 $H=\langle a,b,Z(H)\rangle$. 由于$[b^a,c^a]=[b,c]^a$，即$[bc,c]=[b,c]^c=[b,c][[b,c],c]=[b,c]^a=[b,c][[b,c],a]$，所以$[[b,c],c]=[[b,c],a]$，即$[b^{-p},c]=[b^{-p},a]$. 而 $c^p\in Z(H)$，由引理 12.1.4 有，$1=[c^p,b]=[c,b^p]$，所以$[b^p,a]=1$，故 $b^p\in Z(H)$，矛盾于 $\bar{b}^{p^2}=\bar{1}$. G 不是 capable 群.

定理 12.2.2　若 G 为群

(3) $G=\langle a,b,c\mid a^{p^2}=b^{p^2}=c^p=1,[b,a]=c,[c,a]=1,[c,b]=a^p\rangle$，

则 G 是 capable 群.

证明　可构造出 H，使得 $H/Z(H)\cong G$.

设交换群 $A=\langle e\rangle\times\langle f\rangle\times\langle g\rangle\times\langle d\rangle\cong Z_p\times Z_p\times Z_p\times Z_p$.

令映射 σ：$\begin{cases}e\to eg^{-1}\\ f\to f\\ d\to d\\ g\to g\end{cases}$，再把它扩充到整个 A 上，易证 σ 是 A 的 p 阶自同构. 设$\langle b\rangle$是 p^2 阶循环群，$b^p=f$，且 b 在 A 上的作用与 σ 相同. 令 $B=\langle e,f,g,d\rangle\langle b\rangle=\langle e,b,d\rangle$，则$|B|=p^5$.

在 B 中规定映射 β：$\begin{cases} e\to e \\ b\to be^{-1} \\ d\to d \end{cases}$，再把它扩充到整个 B 上，易证 β 是 B 的 p 阶自同构. 设 $\langle c\rangle$ 是 p^2 阶循环群，$c^p=g$，且 c 在 B 上的作用与 β 相同，令 $C=\langle e,b,c,d\rangle$，则 C 正则且 p-交换，$|C|=p^6$.

在 C 中规定映射 γ：$\begin{cases} e\to e \\ b\to bc \\ d\to d \\ c\to cd \end{cases}$，再把它扩充到整个 A 上，易证 γ 是 C 的 p^2 阶自同构. 设 $\langle a\rangle$ 是 p^2 阶循环群，$a^p=e$，且 a 在 C 上的作用与 β 相同. 令 $H=\langle a,b\rangle$，则 $|H|=p^7$.

所以 $H=\langle a,b,c\mid a^{p^2}=b^{p^2}=c^{p^2}=d^p=1,[b,a]=c,[c,a]=d,[c,b]=a^p,[d,a]=[d,b]=[d,c]=1,[b^p,a]=[b,a^p]=c^p\rangle$. 由定义关系可得中心 $Z(H)=\langle c^p,d\rangle$ 是 p^2 阶群，且有 $H/Z(H)\cong G$. G 是 capable 群.

定理 12.2.3 若 G 为群(4)，则 G 不是 capable 群.

证明 G 为群(4)时，$G=\langle a,b,c\mid a^{p^2}=b^{p^2}=c^p=1,[b,a]=c,[c,a]=a^p,[c,b]=b^p\rangle$. 因为 $c(G)=3$，所以若存在 p 群 H，使得 $H/Z(H)\cong G=\langle\bar{a},\bar{b}\rangle$，则有 $c(H)=4<p$，H 正则，即 G 为正则 p 群的中心商. 设 $H=\langle a,b,Z(H)\rangle$. 由于 $[c^a,b^a]=[c,b]^a$，即 $[ca^p,bc]=[c,bc]^{a^p}[a^p,bc]=[c,b]^a=[c,b][[c,b],a]$，又 c^p，a^{p^2} 与 b^{p^2} 皆属于中心，计算上式可得 $[c,b][a^p,b]=[c,b][[c,b],a]=[c,b][b^p,a]$，即 $[b^p,a]=[a^p,b]=[b,a^p]^{-1}=1$. 又 $\bar{c}^p=\bar{1}$，由引理 1.1.8，有 $1=[c^p,b]\Leftrightarrow[c,b^p]=1$，$\bar{b}^p=\bar{1}$，矛盾. G 不是 capable 群.

定理 12.2.4 若 G 为群

(5) $G=\langle a,b,c\mid a^{p^2}=b^{p^2}=c^p=1,[b,a]=c,[c,a]=1,[c,b]=a^{\nu p}\rangle$，这里 ν 为模 p 非二次剩余，

则 G 是 capable 群.

证明 可构造出 H，使得 $H/Z(H)\cong G$.

设交换群 $A=\langle e\rangle\times\langle f\rangle\times\langle g\rangle\times\langle d\rangle\cong Z_p\times Z_p\times Z_p\times Z_p$.

令映射 σ：$\begin{cases} e\to eg^{-1} \\ f\to f \\ d\to d \\ g\to g \end{cases}$，再把它扩充到整个 A 上，易证 σ 是 A 的 p 阶自同构. 设 $\langle b\rangle$ 是 p^2 阶循环群，$b^p=f$，且 b 在 A 上的作用与 σ 相同. 令 $B=\langle e,f,g,d\rangle\langle b\rangle=\langle e,b,d\rangle$，则 $|B|=p^5$.

在 B 中规定映射 β：$\begin{cases} e\to e \\ b\to be^{-1} \\ d\to d \end{cases}$，再把它扩充到整个 B 上，易证 β 是 B 的 p 阶自同构. 设 $\langle c\rangle$ 是 p^2 阶循环群，$c^p=g$，且 c 在 B 上的作用与 β 相同，令 $C=\langle e,b,c,d\rangle$，则 C 正则且 p-交换，$|C|=p^6$.

在 C 中规定映射 γ：$\begin{cases} e\to e \\ b\to bc \\ d\to d \\ c\to cd \end{cases}$，再把它扩充到整个 A 上，易证 γ 是 C 的 p^2 阶自同构. 设 $\langle a\rangle$ 是 p^2 阶循环群，$a^p=e$，且 a 在 C 上的作用与 β 相同. 令 $H=\langle a,b\rangle$，则 $|H|=p^7$.

所以 $H=\langle a,b,c\mid a^{p^2}=b^{p^2}=c^{p^2}=d^p=1,[b,a]=c,[c,a]=d,[c,b]=a^p,[d,a]=[d,b]=[d,c]=1,[b^p,a]=[b,a^p]=c^p\rangle$. 由定义关系可得中心 $Z(H)=\langle c^p,d\rangle$ 是 p^2 阶群，且有 $H/Z(H)\cong G$. G 是 capable 群.

定理 12.2.5　若 G 为群

(6) $G=\langle a,b,c\mid a^{p^2}=b^{p^2}=c^p=1,[b,a]=c,[c,a]=b^{-p},[c,b]=a^pb^{hp}\rangle$，$h=0,1,\cdots,\frac{p-1}{2}$ $\left(\frac{p+1}{2}\text{个群}\right)$，

则 G 是 capable 群当且仅当 $h=0$.

证明　$\Leftarrow$：$h=0$ 时，可由群 G 构造出群 H，使得 $H/Z(H)\cong G$.

从 p^4 阶交换群出发，作循环扩张.

设交换群 $A=\langle e\rangle\times\langle f\rangle\times\langle c\rangle\cong Z_p\times Z_p\times Z_{p^2}$.

令映射 σ：$\begin{cases} e\to ec^{-p} \\ f\to f \\ c\to ce \end{cases}$，再把它扩充到整个 A 上，可证 σ 是 A 的 p 阶自同构. 设 $\langle b\rangle$ 是 p^2 阶循环群，$b^p=f$，且 b 在 A 上的作用与 σ 相同. 令 $B=\langle e,f,c\rangle\langle b\rangle=\langle f,b,c\rangle$，则 B 正则且 p-交换，$|B|=p^5$.

在 B 中规定映射 β：$\begin{cases} f\to fc^p \\ b\to bc \\ c\to cf^{-1} \end{cases}$，再把它扩充到整个 B 上，易证 β 是 B 的 p^2 阶自同构. 设 $\langle a\rangle$ 是 p^2 阶循环群，$a^p=e$，且 a 在 B 上的作用与 β 相同，令 $H=\langle a,b,c\mid a^{p^2}=b^{p^2}=c^{p^2}=1,[b,a]=c,[c,a]=b^{-p},[c,b]=a^p,[b^p,a]=[b,a^p]=c^p\rangle$，由定义关系可知：中心是 $Z(H)=\langle c^p\rangle$，且有 $H/Z(H)\cong G$，G 是 capable 群.

$\Rightarrow$：$h\neq 0$ 时，因为 $c(G)=3$，所以若存在 p 群 H，使得 $H/Z(H)\cong G=\langle\bar{a},\bar{b}\rangle$，则有 $c(H)=4<p$，H 正则，即 G 为正则 p 群的中心商. 设 $H=\langle a,b,Z(H)\rangle$. 由于

$[c^a, b^a]=[c,b]^a$，即$[cb^{-p}, bc]=[c, bc]^{b^{-p}}[b^{-p}, bc]=[b,c]^a=[c,b][[c,b],a]$，又 c^p，a^{p^2} 与 b^{p^2} 皆属于中心，计算上式可得$[c,b][b^{-p},c]=[c,b][[c,b],a]=[c,b][b^{hp},a]$，即$[b^{-p},c]=[b^{hp},a]$，而 $c^p\in Z(H)$，由引理 12.1.4 有，$1=[c^p,b]=[c,b^p]$，所以$[b^p,a]=1$，故 $b^p\in Z(H)$，矛盾于 $\bar{b}^{p^2}=\bar{1}$. G 不是 capable 群.

定理 12.2.6 若 G 为群

(7) $G=\langle a,b,c \mid a^{p^2}=b^{p^2}=c^p=1,[b,a]=c,[c,a]=b^{-yp},[c,b]=a^{yp}b^{2yp}\rangle$，这里 y 为模 p 非二次剩余，

则 G 不是 capable 群.

证明 $h\neq 0$ 时，因为 $c(G)=3$，所以若存在 p 群 H，使得 $H/Z(H)\cong G=\langle \bar{a}, \bar{b}\rangle$，则有 $c(H)=4<p$，H 正则，即 G 为正则 p 群的中心商. 设 $H=\langle a,b,Z(H)\rangle$. 由于$[c^a,b^a]=[c,b]^a$，即$[cb^{-p},bc]=[c,bc]^{b^{-p}}[b^{-p},bc]=[b,c]^a=[c,b][[c,b],a]$，又 c^p，a^{p^2} 与 b^{p^2} 皆属于中心，计算上式可得$[c,b][b^{-p},c]=[c,b][[c,b],a]=[c,b][b^{hp},a]$，即$[b^{-p},c]=[b^{hp},a]$，而 $c^p\in Z(H)$，由引理 12.1.4 有，$1=[c^p,b]=[c,b^p]$，所以$[b^p,a]=1$，故 $b^p\in Z(H)$，矛盾于 $\bar{b}^{p^2}=\bar{1}$. G 不是 capable 群.

定理 12.2.7 若 G 为群

(8) $G=\langle a,b,c \mid a^{p^2}=b^{p^2}=c^p=1,[b,a]=c,[c,a]=b^{-p},[c,b]=a^{yp}b^{hp}\rangle$，这里 y 为模 p 非二次剩余，$h=0,1,\cdots,\frac{p-1}{2}\left(\frac{p+1}{2}\text{个群}\right)$，

则 G 是 capable 群当且仅当 $h=0$.

证明 $\Leftarrow$：$h=0$ 时，可由群 G 构造出群 H，使得 $H/Z(H)\cong G$.

从 p^4 阶交换群出发，作循环扩张.

设交换群 $A=\langle e\rangle\times\langle f\rangle\times\langle c\rangle\cong Z_p\times Z_p\times Z_{p^2}$.

令映射 σ：$\begin{cases} e\to ec^{-p} \\ f\to f \\ c\to ce \end{cases}$，再把它扩充到整个 A 上，可证 σ 是 A 的 p 阶自同构. 设$\langle b\rangle$ 是 p^2 阶循环群，$b^p=f$，且 b 在 A 上的作用与 σ 相同. 令 $B=\langle e,f,c\rangle\langle b\rangle=\langle f,b,c\rangle$，则 B 正则且 p-交换，$|B|=p^5$.

在 B 中规定映射 β：$\begin{cases} f\to fc^p \\ b\to bc \\ c\to cf^{-1} \end{cases}$，再把它扩充到整个 B 上，易证 β 是 B 的 p^2 阶自同构. 设$\langle a\rangle$是 p^2 阶循环群，$a^p=e$，且 a 在 B 上的作用与 β 相同，令 $H=\langle a,b,c \mid a^{p^2}=b^{p^2}=c^{p^2}=1,[b,a]=c,[c,a]=b^{-p},[c,b]=a^p,[b^p,a]=[b,a^p]=c^p\rangle$，由定义关系可知：中心是 $Z(H)=\langle c^p\rangle$，且有 $H/Z(H)\cong G$，G 是 capable 群.

$\Rightarrow$：$h\neq 0$ 时，因为 $c(G)=3$，所以若存在 p 群 H，使得 $H/Z(H)\cong G=\langle\bar{a},\bar{b}\rangle$，则有 $c(H)=4<p$，H 正则，即 G 为正则 p 群的中心商. 设 $H=\langle a,b,Z(H)\rangle$. 由于 $[c^a,b^a]=[c,b]^a$，即 $[cb^{-p},bc]=[c,bc]^{b^{-p}}[b^{-p},bc]=[b,c]^a=[c,b][[c,b],a]$，又 c^p,a^{p^2} 与 b^{p^2} 皆属于中心，计算上式可得 $[c,b][b^{-p},c]=[c,b][[c,b],a]=[c,b][b^{hp},a]$，即 $[b^{-p},c]=[b^{hp},a]$，而 $c^p\in Z(H)$，由引理 12.1.4 有，$1=[c^p,b]=[c,b^p]$，所以 $[b^p,a]=1$，故 $b^p\in Z(H)$，矛盾于 $\bar{b}^{p^2}=\bar{1}$. G 不是 capable 群.

定理 12.2.8　若 G 为群

(10) $G=\langle a,b,c\mid a^{p^2}=b^{p^2}=c^p=1,[b,a]=[c,a]=1,[b,c]=a^p\rangle$，

则 G 是 capable 群.

证明　$\Leftarrow$：从 p^5 阶交换群出发，作循环扩张.

设交换群 $A=\langle a\rangle\times\langle c\rangle\times\langle d\rangle\cong Z_{p^2}\times Z_p\times Z_{p^2}$.

令映射 σ：$\begin{cases}a\to ad^{-1}\\ c\to ca^{-p^{m-1}}\\ d\to d\end{cases}$，再把它扩充到整个 A 上，易证 σ 是 A 的 p^2 阶自同构.

设 $\langle b\rangle$ 是 p^2 阶循环群，且 b 在 A 上的作用与 σ 相同. 令 $H=A\langle b\rangle=\langle a,b,c\rangle$，则 $H=\langle a,b,c\mid a^{p^m}=b^{p^m}=c^p=d^{p^m}=1,[b,a]=d,[c,a]=1,[b,c]=a^{p^{m-1}},[d,a]=[d,b]=[d,c]=1\rangle$ 是 p^7 阶群，$Z(H)=\langle d\rangle$ 是 p^2 阶群，且有 $H/Z(H)\cong G$.

定理 12.2.9　若 G 同构于群

(11) $G=\langle a,b,c\mid a^{p^2}=b^{p^2}=c^p=1,[b,a]=[c,a]=1,[b,c]=b^p\rangle$，

则 G 不是 capable 群.

证明　若存在 p 群 H，使得 $H/Z(H)\cong G=\langle\bar{a},\bar{b},\bar{c}\rangle$，则必有 $[b,a]$ 与 $[a,c]$ 在中心里，所以 $[b,a]=[b,a]^c=[b^c,a^c]=[bb^{p^{m-1}},a]=[b,a][b^{p^{m-1}},a]$，故 $1=[b^{p^{m-1}},a]=[b,a^{p^{m-1}}]$. 又 c^p 在中心里，所以 $1=[c^p,a]=[c,a^p]$，即有 $a^{p^{m-1}}$ 与 b，c 交换，$\bar{a}^{p^{m-1}}=\bar{1}$，矛盾.

注：同样的证明过程可得：当 G 中为 $[c,a]=a^{-p^{m-1}}$，$[c,b]=b^{-p^{m-1}}$ 时，结论亦成立.

定理 12.2.10　若 G 同构于群

(12) $\langle a,b,c\mid a^{p^2}=b^{p^2}=c^p=1,[b,a]=1,[c,a]=a^p,[b,c]=b^{-p}\rangle$，

则 G 不是 capable 群.

证明　若 G 是 capable 群，可设存在 p 群 H，使得 $H/Z(H)\cong G=\langle\bar{a},\bar{b},\bar{c}\rangle$，则必有 $[b,a]$ 在中心里，$[b,a]=[b,a]^c=[b^c,a^c]=[bb^{-p^{m-1}},aa^{-p^{m-1}}]=[b,a][b,a]^{-2p^{m-1}}[b^{-p^{m-1}},a^{-p^{m-1}}]$，又由于 b^{p^m} 在中心里，可得 $1=[b^{p^m},a]=[b,$

$a]^{p^m}$，故有$[b^{-p^{m-1}},a^{-p^{m-1}}]=[b,a]^{p^{2m-2}}=1$，进而可得$[b,a]^{-2p^{m-1}}=1$. 若 $p\neq 2$，则 $1=[b,a]^{p^{m-1}}=[b,a^{p^{m-1}}]$. 又 $c^p\in Z(H)$，H 亚交换，$[c,a^p]=[c,a]^p=[c,a]^p[c,a,c]^{\binom{p}{2}}=[c^p,a]=1$，即 $a^{p^{m-1}}$ 属于中心，导致矛盾.

定理 12.2.11 若 G 同构于群

(13) $G=\langle a,b,c\mid a^{p^2}=b^{p^2}=c^p=1,[b,a]=a^p,[c,a]=[b,c]=1\rangle$，

则 G 是 capable 群.

证明 从交换群 $A=\langle a\rangle\times\langle d\rangle\times\langle e\rangle\cong Z_{p^3}\times Z_p\times Z_p$ 出发，作两次循环扩张，依次添加元素 c,b 可得：$H=\langle a,b,c\mid a^{p^3}=b^{p^2}=d^p=e^p=1,c^p=a^{p^2},[b,a]=a^p,[c,a]=d,[b,c]=e,[d,a]=[d,b]=[d,c]=[d,e]=[e,a]=[e,b]=[e,c]=1,[b^p,a]=[b,a^p]=a^{p^2}\rangle$是 p^8 阶群. 由定义关系可知：中心 $Z(H)=\langle c^p,d,e\rangle$是 p^3 阶初等交换群，且有 $H/Z(H)\cong G$，G 是 capable 群.

定理 12.2.12 若 G 为群

(14) $G=\langle a,b,c\mid a^{p^2}=b^{p^2}=c^p=1,[b,a]=1,[b,c]=a^pb^{hp},[c,a]=b^p\rangle$，这里 $h=0,1,\cdots,\frac{p-1}{2}\left(\frac{p+1}{2}\text{个群}\right)$，

则 G 是 capable 群当且仅当 $h=0$.

证明 $\Rightarrow$：$h\neq 0$ 时，因为 $c(G)=2$，所以若存在 p 群 H，使得 $H/Z(H)\cong G=\langle \bar{a},\bar{b},\bar{c}\rangle$，则有 $c(H)=3<p$，H 正则，即 G 为正则 p 群的中心商. 设 $H=\langle a,b,c,Z(H)\rangle$. 由于$[b^a,c^a]=[b,c]^a$，有$[b,cb^p]=[b,c]^{b^p}=[b,c][[b,c],b^p]=[b,c][[b,c],a]$，即$[[b,c],b^p]=[[b,c],a]$，$[a^p,b^p]=[b^{hp},a]$，而 $b^{p^2}\in Z(H)$，$[b^p,a]\in Z(H)$，所以 $1=[b^{p^2},a]=[b^p,a^p]$，故$[b^{hp},a]=1$，又因为 $c^p\in Z(H)$，由引理 12.1.4 有，$1=[c^p,b]=[c,b^p]$，所以$[b^p,c]=1$. 故 b^p 与 a,c 皆交换，$b^p\in Z(H)$，矛盾于 $\bar{b}^{p^2}=\bar{1}$. G 不是 capable 群.

$\Leftarrow$：$h=0$ 时，可由群 G 构造出群 H，使得 $H/Z(H)\cong G$.

从 p^6 阶交换群出发，作循环扩张.

设交换群 $A=\langle e\rangle\times\langle f\rangle\times\langle c\rangle\times\langle d\rangle\cong Z_p\times Z_p\times Z_{p^2}\times Z_{p^2}$.

令映射 $\sigma:\begin{cases}e\to ed^{-p}\\ f\to f\\ c\to ce^{-1}\\ d\to d\end{cases}$，再把它扩充到整个 A 上，易证 σ 是 A 的 p 阶自同构. 设 $\langle b\rangle$是 p^2 阶循环群，$b^p=f$，且 b 在 A 上的作用与 σ 相同. 令 $B=A\langle b\rangle=\langle e,b,c,d\rangle$，则 $|B|=p^7$.

在 B 中规定映射β：$\begin{cases} e\to e \\ b\to bd \\ c\to cb^p \\ d\to d \end{cases}$，再把它扩充到整个 B 上，易证β是B 的p^2 阶自同构. 设$\langle a\rangle$是 p^2 阶循环群，$a^p=e$，且 a 在 B 上的作用与β相同，令 $H=B\langle a\rangle$，则有 $H=\langle a,b,c\mid a^{p^2}=b^{p^2}=c^{p^2}=d^{p^2}=1,[b,a]=d,[b,c]=a^p,[c,a]=b^p,[d,a]=[d,b]=[d,c]=1\rangle$是 p^8 阶群. 由定义关系可得 $Z(H)=\langle c^p,d\rangle$是 p^3 阶群，且成立 $H/Z(H)\cong G$，所以 G 是 capable 群.

定理 12.2.13　若 G 为群

(15) $G=\langle a,b,c\mid a^{p^2}=b^{p^2}=c^p=1,[b,a]=1,[b,c]=a^pb^{hp},[c,a]=b^{\nu p}\rangle$，这里 $h=0,1,\cdots,\dfrac{p-1}{2}$，$\nu$ 为模 p 非二次剩余$\left(\dfrac{p+1}{2}\text{个群}\right)$，

则 G 是 capable 群当且仅当 $h=0$.

证明　$\Rightarrow$：$h\neq 0$ 时，因为 $c(G)=2$，所以若存在 p 群 H，使得 $H/Z(H)\cong G=\langle \bar{a},\bar{b},\bar{c}\rangle$，则有 $c(H)=3<p$，H 正则，即 G 为正则 p 群的中心商. 设 $H=\langle a,b,c,Z(H)\rangle$. 由于$[b^a,c^a]=[b,c]^a$，有$[b,cb^p]=[b,c]^{b^p}=[b,c][[b,c],b^p]=[b,c][[b,c],a]$，即$[[b,c],b^p]=[[b,c],a]$，$[a^p,b^p]=[b^{hp},a]$，而 $b^{p^2}\in Z(H)$，$[b^p,a]\in Z(H)$，所以 $1=[b^{p^2},a]=[b^p,a^p]$，故$[b^{hp},a]=1$. 又因为 $c^p\in Z(H)$，由引理 12.1.4 有，$1=[c^p,b]=[c,b^p]$，所以$[b^p,c]=1$，故 b^p 与 a,c 皆交换，$b^p\in Z(H)$，矛盾于 $\bar{b}^{p^2}=\bar{1}$. G 不是 capable 群.

$\Leftarrow$：$h=0$ 时，可由群 G 构造出群 H，使得 $H/Z(H)\cong G$.

从 p^6 阶交换群出发，作循环扩张.

设交换群 $A=\langle e\rangle\times\langle f\rangle\times\langle c\rangle\times\langle d\rangle\cong Z_p\times Z_p\times Z_{p^2}\times Z_{p^2}$.

令映射σ：$\begin{cases} e\to ed^{-p} \\ f\to f \\ c\to ce^{-1} \\ d\to d \end{cases}$，再把它扩充到整个 A 上，易证σ是A 的 p 阶自同构. 设 $\langle b\rangle$是 p^2 阶循环群，$b^p=f$，且 b 在A 上的作用与σ相同. 令 $B=A\langle b\rangle=\langle e,b,c,d\rangle$，则$|B|=p^7$.

在 B 中规定映射β：$\begin{cases} e\to e \\ b\to bd \\ c\to cb^p \\ d\to d \end{cases}$，再把它扩充到整个 B 上，易证β是B 的p^2 阶自同构. 设$\langle a\rangle$是 p^2 阶循环群，$a^p=e$，且 a 在 B 上的作用与β相同，令 $H=B\langle a\rangle$，则有

$H=\langle a,b,c\mid a^{p^2}=b^{p^2}=c^{p^2}=d^{p^2}=1,[b,a]=d,[b,c]=a^p,[c,a]=b^p,[d,a]=[d,b]=[d,c]=1\rangle$是 p^8 阶群. 由定义关系可得 $Z(H)=\langle c^p,d\rangle$是 p^3 阶群,且成立 $H/Z(H)\cong G$,所以 G 是 capable 群.

定理 12.2.14 若 G 为群

(16) $G=\langle a,b,c\mid a^{p^2}=b^{p^2}=c^p=1,[b,a]=b^p,[c,b]=1,[c,a]=a^p\rangle$,

则 G 不是 capable 群.

证明 若存在群 H,使得 $H/Z(H)\cong G=\langle\bar{a},\bar{b},\bar{c}\rangle$,则由于 $c(G)=2$,有 $c(H)=3$, H 亚交换,即 G 为亚交换群的中心商. 设 $H=\langle a,b,c,Z(H)\rangle$. 由于$[b,c]\in Z(H)$,所以$[b,c]=[b,c]^a$,即有$[b,c]=[b^a,c^a]=[bb^{p^{m-1}},ca^{p^{m-1}}]$. 由 $m\geqslant 2$ 及 b^{p^m}, c^p 属于中心可得$[a,b]^{p^m}=[a,b^{p^m}]=1$,$[a,b]$是 p^m 阶元,且$[a^{p^{m-1}},b^{p^{m-1}}]=[a,b]^{p^{2m-2}}=1$,$[b,c^p]=[b^p,c]=1$,故有$[b^a,c^a]=[b,a^{p^{m-1}}][b,c]$,即$[b,a^{p^{m-1}}]=1$. 又由于 c^p 属于中心,所以有 $1=[c^p,a]=[c,a]^p[c,a,c]^{\binom{p}{2}}=[c,a]^p[a^{p^{m-1}},c]^{\binom{p}{2}}$. 而$[a^{p^{m-1}},c]$在中心里,且 $1=[a^{p^{m-1}},c^p]=[a^{p^{m-1}},c]^p$ 成立,进而可得$[c,a]^p=1$. 所以$[c,a^p]=[c,a]^p=1$,即 $a^{p^{m-1}}$ 与 b 和 c 交换,$\bar{a}^{p^{m-1}}=\bar{1}$,矛盾. G 不是 capable 群.

定理 12.2.15 若 G 为群

(17) $G=\langle a,b,c\mid a^{p^2}=b^{p^2}=c^p=1,[b,a]=a^p,[c,b]=1,[c,a]=b^p\rangle$,

则 G 是 capable 群.

证明 从 p^4 阶交换群出发,作循环扩张可构造出 H,使得 $H/Z(H)\cong G$.

设交换群 $A=\langle a\rangle\times\langle d\rangle\cong Z_{p^3}\times Z_p$.

令映射 σ: $\begin{cases}a\to a^{1-p}\\ d\to d\end{cases}$,再把它扩充到整个 A 上,可证 σ 是 A 的 p^2 阶自同构. 设$\langle b\rangle$是 p^2 阶循环群,且 b 在 A 上的作用与 σ 相同. 令 $B=A\langle b\rangle=\langle a,b,d\rangle$,则$|B|=p^6$.

在 B 中规定映射β: $\begin{cases}a\to ab^p\\ b\to bd\\ d\to d\end{cases}$,再把它扩充到整个 B 上,可证β是B 的 p 阶自同构. 设$\langle c\rangle$是 p^2 阶循环群,$c^p=a^{p^2}$,且 c 在 B 上的作用与 β 相同,令 $H=B\langle c\rangle$,则 $H=\langle a,b,c\mid a^{p^3}=b^{p^2}=d^p=1,a^{p^2}=c^p,[b,a]=a^p,[c,a]=b^p,[b,c]=d,[d,a]=[d,b]=[d,c]=1,[b^p,a]=[b,a^p]=a^{p^2}\rangle$是 p^7 阶群. 由定义关系可知: $Z(H)=\langle c^p,d\rangle$是 p^2 阶群,且有 $H/Z(H)\cong G$,所以 G 是 capable 群.

12.3 附 注

12.1 节的主要内容可在参考文献[7,9,18,35]中查到.

第 13 章　极大类的 capable p 群

13.1　极大类 p 群的概念

定义 13.1.1　令 G 为 p^n 阶群，$n\geqslant 2$. 称群 G 为极大类 p 群，如果 G 的幂零类 $c(G)=n-1$.

把 p^2 阶群也看作极大类群，但也有人假定极大类 p 群都是非交换的，因此在上述定义中假定 $n\geqslant 3$.

下面给出极大类 p 群的一些最基本的性质.

定理 13.1.1　设 G 为 p^n 阶极大类群，则

(1) $|G/G'|=p^2$，$G'=\Phi(G)$ 且 $d(G)=2$；

(2) $|G_i/G_{i+1}|=p$，$i=2,3,\cdots,n-1$；

(3) 对 $i\geqslant 2$，G_i 是 G 中唯一的 p^{n-i} 阶正规子群；

(4) 若 $N\trianglelefteq G$，$|G/N|\geqslant p^2$，则 G/N 亦为极大类 p 群；

(5) 对于 $0\leqslant i\leqslant n-1$，有 $Z_i(G)=G_{n-i}$；

(6) 设 $p>2$，若 $n>3$，则 G 中不存在 p^2 阶循环正规子群.

由此定理，p^n 阶极大类 p 群 G 除了有 $p+1$ 个极大子群以外，对每个阶 p^i，$i<n-1$，都只有一个正规子群. 也就是说，极大类 p 群有尽可能少的正规子群. 因此，极大类 p 群在 p 群中的地位与单群在有限群中的地位很类似. 这也说明了研究极大类 p 群的重要性.

下面的定理给出了极大类 2 群的分类结果.

定理 13.1.2　设 G 为 2^n 阶极大类群，则 G 同构于下列三种群之一：

(1) 二面体群：$\langle a,b\mid a^{2^{n-1}}=b^2=1,a^b=a^{-1}\rangle$，$n\geqslant 3$；

(2) 广义四元数群：$\langle a,b\mid a^{2^{n-1}}=1,b^2=a^{2^{n-2}},a^b=a^{-1}\rangle$，$n\geqslant 3$；

(3) 半二面体群：$\langle a,b\mid a^{2^{n-1}}=b^2=1,a^{b^{-1}}=a^{-1+2^{n-2}}\rangle$，$n\geqslant 4$.

证明　由定理 13.1.1 可知，$d(G)=2$，G/G'是 4 阶初等交换 2 群，则 G/G_3 是 2^3 阶非交换群，因而是亚循环群. 又因 $\Phi(G')\trianglelefteq G$，有 $\Phi(G')\leq G_3$，于是 $G/\Phi(G')G_3$ 也是 2^3 阶亚循环群，G 亦亚循环. 于是存在循环正规子群 $L\leq G$ 使 G/L 循环. 因 $G'\leq L$，$G/G'\cong C_2^2$，有 $|G/L|=2$，即 L 是 G 的极大循环子群. G 是定理 1.5.2 中的 (4)，(5) 或 (7) 型群. 直接验证知它们都是极大类 2 群，定理得证.

引理 13.1.1[3]　设 G 是亚循环 2 群，则 G 是以下群之一：

（Ⅰ）G 有一个循环极大子群，则 G 是二面体群、半二面体群、广义四元数群或一般亚循环群 $G=\langle a,b \mid a^{2^n}=1, b^2=1, a^b=a^{1+2^{n-1}}\rangle$，$n\geqslant 3$.

此时，G 可裂的充分必要条件是 G 不是广义四元数群.

接下来假设 G 没有循环极大子群. 有以下两种情况：

（Ⅱ）通常的亚循环 2 群：$G=\langle a,b \mid a^{2^{r+s+u}}=1,\quad b^{2^{r+s+t}}=a^{2^{r+s}}, a^b=a^{1+2^r}\rangle$，其中 r，s，t，u 是非负整数且 $r\geqslant 2$，$u\leqslant r$.

此外，$Z(G)=\langle a^{2^{s+u}}, b^{2^{s+u}}\rangle$，且 G 可裂的充分必要条件是 $stu=0$.

（Ⅲ）特殊亚循环 2 群：$G=\langle a,b \mid a^{2^{r+s+v+t'+u}}=1, b^{2^{r+s+t}}=a^{2^{r+s+v+t'}}, a^b=a^{-1+2^{r+v}}\rangle$，其中 r,s,v,t,t',u 是非负整数且 $r\geqslant 2, t'\leqslant r, u\leqslant 1, tt'=sv=tv=0$，而且若 $t'\geqslant r-1$，则 $u=0$.

此外，G 可裂的充分必要条件是 $u=0$.

不同类型的群互不同构，同一种类型但参数具有不同值的群互不同构.

推论 13.1.1 设 G 为引理 13.1.1 中所述亚循环 2 群，

(1) G 为（Ⅰ）时，G 是 capable 群当且仅当 $G=D_{2^n}$.

(2) G 为（Ⅱ）时，G 是 capable 群当且仅当 $u=t=0$.

(3) G 为（Ⅲ）时，G 是 capable 群当且仅当 $u=t=0$ 且 $t'=r-1$.

定理 13.1.3 设 G 为 2^n 阶极大类群，则 G 是 capable 群当且仅当 G 是

$$\langle a,b \mid a^{2^{n-1}}=b^2=1, a^b=a^{-1}\rangle,\quad n\geqslant 3$$

证明 由定理 13.1.2 极大类 2 群的分类结果及推论 13.1.1 中亚循环 2 群是 capable 群的结果可知.

定理 13.1.4 (O. Taussky)设 G 为非交换 2 群. 若 $|G:G'|=4$，则 G 是极大类 2 群.

证明 只需证明 G 有循环极大子群. 若 G 没有，则 $|G|>2^3$. 设 R 是 $Z(G)\cap G'$ 中 G 的 2 阶正规子群. 用归纳法，可设 G/R 有循环极大子群，譬如 T/R，则 $T=R\times S$ 是$(2^n,2)$型交换群，其中 S 是 2^n 阶循环群，$n\geqslant 2$. 由引理 1.3.1 有

$$|G|=2|G'||Z(G)|=2\cdot\frac{1}{4}|G||Z(G)|=\frac{1}{2}|G||Z(G)|$$

于是 $|Z(G)|=2$. 但因 $K:=\mho_{n-1}(T)\leq S$，得 $|K|=2$ 且 $K\trianglelefteq G$，于是 $K\leq Z(G)$. 这样 $Z(G)\geq R\times K$，矛盾.

推论 13.1.2 有限 2 群 G 是极大类的当且仅当 $|G:G'|=4$.

对于 $p>2$，决定极大类 p 群是十分困难的，这里只证明下面的结果.

定理 13.1.5 设 $p>2$，G 是 p^n 阶非交换 p 群. 假定 G 有交换极大子群 A，则 G 是极大类 p 群当且仅当 $|G:G'|=p^2$.

证明 只需证明充分性. 对 n 用归纳法. 当 $n=3$ 时结论显然成立，下设 $n\geqslant 4$. 因为 G 有交换极大子群，用与定理 13.1.4 证明中同样的推理可得 $|Z(G)|=p$. 因为 $Z(G)\cap G'\neq 1$，有 $Z(G)\leq G'$. 用归纳假设得 $G/Z(G)$ 是极大类 p 群，遂得结论. 下面

再证明 Suzuki 的一个有趣的结果.

定理 13.1.6　(M. Suzuki)设 G 是一非交换 p 群. 若 G 中有一 p^2 阶子群 A 满足 $C_G(A)=A$，则 G 是极大类群.

证明　对 $|G|$ 用归纳法. 因 $C_G(A)=A$，$|A|=p^2$，由 N/C 定理及 $N_G(A)>A$ 得 $|N_G(A)|=p^3$. 由 A 自中心化，$Z(G)<A$，于是得 $|Z(G)|=p$. 令 $\bar{G}=G/Z(G)$，$\bar{A}=A/Z(G)$. 由 N/C 定理得 $N_{\bar{G}}(\bar{A})=C_{\bar{G}}(\bar{A})$，再由 $C_{\bar{G}}(\overline{N_G(A)})\leq C_{\bar{G}}(\bar{A})$ 及 $N_{\bar{G}}(\bar{A})=N_G(A)/Z(G)=\overline{N_G(A)}$ 得 $C_{\bar{G}}(\overline{N_G(A)})=\overline{N_G(A)}$. 因 $|\overline{N_G(A)}|=p^2$，由归纳法得 $\bar{G}$ 是极大类群，因 $|Z(G)|=p$，所以 G 也为极大类群.

对于 $p>2$，p^3 阶的极大类 p 群就是两个非交换群，即定理 1.5.1 中(ii)的两个群. 下面来决定 p^4 阶的极大类 p 群.

定理 13.1.7　设 $p>2$，$|G|=p^4$. 假定 G 是极大类 p 群，则 G 是下列群之一：

(Ⅰ) $\langle a,b\mid a^{p^2}=b^p=c^p=1,[a,b]=c,[c,a]=1,[c,b]=a^p\rangle$；

(Ⅱ) $\langle a,b\mid a^{p^2}=b^p=c^p=1,[a,b]=c,[c,a]=1,[c,b]=a^{\nu p}\rangle$，其中 ν 为模 p 平方非剩余；

(Ⅲ) $\langle a,b\mid a^{p^2}=b^p=c^p=1,[a,b]=c,[c,a]=a^p,[c,b]=1\rangle$；

(Ⅳ) $\langle a,b\mid a^9=c^3=1,b^3=a^3,[a,b]=c,[c,a]=1,[c,b]=a^{-3}\rangle$；

(Ⅳ$'$) $\langle a,b\mid a^p=b^p=c^p=d^p=1,[a,b]=c,[c,a]=1,[c,b]=d\rangle$，其中 $p>3$.

引理 13.1.2　设 G 是 p^4 阶的极大类 p 群，$p>2$，则 $\exp(G/Z(G))=p$，并且 $G'\cong C_p^2$.

证明　先证 $G'\cong C_p^2$. 首先，显然有 $|G'|=p^2$. 由定理 13.1.1 中的(3)可知，G 的 p^2 阶正规子群唯一. G 有 (p,p) 型正规子群，故 G' 是 (p,p) 型的. 再证 $\exp(G/Z(G))=p$. 假设结论不真，即 $G/Z(G)=G/G_3$ 是 p^3 阶非交换的亚循环群. 由推论 1.4.1 可知，G 亦亚循环，与 $G'\cong C_p^2$ 矛盾. 引理得证.

定理 13.1.7 的证明：由于 G 是极大类 p 群，$Z(G)=G_3$ 的阶为 p，$G'=\Phi(G)$ 的阶为 p^2. 可设 $G=\langle a,b\rangle$ 且 $G/Z(G)=\langle\bar{a},\bar{b}\mid\bar{a}^p=\bar{b}^p=\bar{c}=1,[\bar{a},\bar{b}]=\bar{c}\rangle$，因此 $\exp(G)\leqslant p^2$. 分以下情况进行讨论：(1) G 有 p^2 阶元，且 $G\backslash G'$ 有 p 阶元素；(2) G 有 p^2 阶元，但 $G\backslash G'$ 中没有 p 阶元素；(3) $\exp(G)=p$.

(1) G 有 p^2 阶元，且 $G\backslash G'$ 有 p 阶元素：由 $\exp(G')=p$ 以及 $\bar{a}$，$\bar{b}$ 地位的对称性，可设 $o(a)=p^2$，$o(b)=p$ 且

$$G=\langle a,b,c\mid a^{p^2}=b^p=c^p=1,[a,b]=c,[c,a]=a^{up},[c,b]=a^{wp}\rangle\quad(*)$$

其中 u,w 不同时为 0. 由于 G 是极大类的，它只有一个 p^2 阶正规子群，即 $G'=\langle c,a^p\rangle$，因此 $\langle a\rangle\ntrianglelefteq G$. 这样 $\langle a\rangle$ 的正规闭包 $M=\langle a\rangle^G=\langle a,c\rangle$.

(i) M 交换：即 $[c,a]=1$，于是式$(*)$中 $w\neq 0\pmod p$. 令 $b'=b^v$，$p\nmid v$，令 $c'=$

$[a,b']$,得到 $G=\langle a,b',c'\rangle$,有关系 $b'^p=c'^p=1,[c',a]=1,[c',b']=a^{wv^2p}$. 于是 G 同构于定理 13.1.7 中的(Ⅰ)或(Ⅱ)型群.

断言群(Ⅰ)和群(Ⅱ)不同构. 如果它们同构,则在群(Ⅰ)中可取到 $a'=a^sb^tc^u$, $b'=a^{rp}b^vc^w$,其中 s,t,u,r,v,w 是适当的正整数,满足 $p\nmid s$, $p\nmid v$,并且再令 $c'=[a',b']$,则 a',b',c' 满足群(Ⅱ)的定义关系. 特别地,$[c',b']=a'^{\nu p}$. 由计算得 $[c',b']=[a',b',b']=[a^sb^tc^u,a^{rp^{e-1}}b^vc^w,a^{rp}b^vc^w]=[a^s,b^v,b^v]=(a^p)^{sv^2}$,因此 $(a^p)^{sv^2}=a'^{\nu p}=(a^sb^tc^u)^{\nu p}=(a^p)^{s\nu}$,矛盾于 ν 为非平方剩余.

(ii) M 不交换:M 是 p^3 阶非交换亚循环群. 可设 $M=\langle a,c\mid a^{p^2}=c^p=1,[c,a]=a^p\rangle$. 如果这时有 $[b,c]=1$,则得到定理 13.1.7 中的(Ⅲ)型群,否则可设在 $G\backslash G'$ 中与 c 可交换的元素阶均为 p^2,即 $C_G(G')\cong C_{p^2}\times C_p$.(由 N/C 定理可得 $|C_G(G')|=p^3$.)取 $C_G(G')$ 中的 p^2 阶元作为新的 a,就化归为情形(i),无新的群产生.

因为对于(Ⅰ)和(Ⅱ)型群,$C_G(G')\cong C_{p^2}\times C_p$,而对于(Ⅲ)型群,$C_G(G')\cong C_p^3$,故(Ⅰ)~(Ⅲ)型群之间彼此互不同构.

(2) G 有 p^2 阶元,但 $G\backslash G'$ 中没有 p 阶元素:这时 $C_G(G')\cong C_{p^2}\times C_p$. 必要时另选元素 a,b,可令 $[c,a]=1,b^p=a^p$. 如果 $p>3$,可得 $(ab^{-1})^p=1$,矛盾于本情形的假设,故只可能有 $p=3$. 设 $[b,c]=a^{3i}$, $i\neq 0 \pmod 3$.

若 $i=1 \pmod 3$, $(ab)^3=a^3[a,b^{-1},b^{-1}]b^3=a^6[c,b]=1$,矛盾于本情形的假设,故得(Ⅳ)型群.

为证明(Ⅳ)型群与(Ⅰ)~(Ⅲ)型群都不同构,证明 $G\backslash G'$ 中确实没有 3 阶元素. 因为对于任意的 $x\in G'$, $y\notin G'$,有 $(xy)^3=y^3$,只需证明 $(ab)^3\neq 1$ 和 $(ab^{-1})^3\neq 1$ 即可. 由计算即可得到,计算从略.

(3) $\exp(G)=p$:这时 $C_G(G')\cong C_p^3$,取 $a\in C_G(G')\backslash G'$, $b\in G\backslash C_G(G')$,令 $[a,b]=c$,则 $[c,a]=1$. 因为 G 是极大类的,$[c,b]=d\neq 1$. 于是得到(Ⅳ′)型群.

容易验证,如果 $p\geqslant 5$,则确有 $\exp(G)=p$. 但若 $p=3$,则 $(ab^{-1})^3=d$. 这说明 ab^{-1} 是 9 阶元素,矛盾于假设.

(Ⅳ′) 型群作为仅有的方次数为 p 的极大类群,当然与前面得到的各群均不同构.

定理 13.1.8 设 $p>2$, $|G|=p^4$. 假定 G 是极大类 p 群,则 G 是 capable 群当且仅当 G 是下列群:

$\langle a,b\mid a^p=b^p=c^p=d^p=1,[a,b]=c,[c,a]=1,[c,b]=d\rangle$,其中 $p>3$

证明 由前面第 7 章关于 p^4 阶群的研究可知结果.

13.2 具有交换极大子群的极大类 3 群的 capable 性质研究

定理 13.2.1 设 G 是非交换有限 p 群,它有交换极大子群 A,则下列命题等价:

(1) $|Z(G)|=p$;

(2) $|G:G'|=p^2$;

(3) G 是极大类 p 群.

推论 13.2.1　设 G 是非交换极大类 p 群，它有交换极大子群 A，则 G 的每个非交换子群 H 也是极大类的.

证明　首先注意到 $H\cap A$ 是 H 的极大交换子群，并且包含 $Z(H)$. 于是 $Z(H)$ 中心化 A，得到 $Z(H)\leq Z(G)$. 又因 G 是极大类的，$|Z(G)|=p$，于是 $|Z(H)|=p$. 应用定理 13.2.1，即得 H 的极大类性.

在本节以下部分，将给出具有交换极大子群的极大类 p 群的一个完全分类.

定理 13.2.2　设 p 为奇素数，e,r 是正整数，其中 $1\leqslant r\leqslant p-1$. 设 A 是 r 个 p^e 阶循环群和 $p-1-r$ 个 p^{e-1} 阶循环群的直积，即 $A=\langle s_1\rangle\times\langle s_2\rangle\times\cdots\times\langle s_{p-1}\rangle$，其中 $o(s_1)=o(s_2)=\cdots=o(s_r)=p^e$，$o(s_{r+1})=\cdots=o(s_{p-1})=p^{e-1}$. 如下定义 A 的自同构 β:

$$s_1^\beta=s_1s_2,\ s_2^\beta=s_2s_3,\ \cdots,\ s_{p-2}^\beta=s_{p-2}s_{p-1},\ s_{p-1}^\beta=s_{p-1}^{1-p}s_1^{-p}s_2^{-\binom{p}{2}}\cdots s_{p-2}^{-\binom{p}{p-2}}$$

则 β 是 A 的 p 阶自同构. 设 G 是 A 与 $\langle\beta\rangle$ 的半直积，则 G 是极大类 p 群. 当 $i\geqslant p-1$ 时，递归地定义 $s_{i+1}=s_i^{-1}s_i^\beta$，则序列 $\{\beta,s_1,\cdots,s_i,\cdots\}$ 为 G 的一个链，G 的一致元素均为 p 阶，$Z(G)=\langle s_r^{p^{e-1}}\rangle$.

定理 13.2.3　设 p,e,r,A,β 与定理 13.2.2 相同，G 是 A 与 $\langle\beta\rangle$ 的乘积，其中 $\beta^p=s_r^{p^{e-1}}$，则 G 是极大类 p 群，序列 $\{\beta,s_1,\cdots,s_i,\cdots\}$ 为 G 的一个链，G 的一致元素均为 p^2 阶.

定理 13.2.4　设 H 是定理 13.2.2 中的群，如下定义 H 的自同构 α: $\beta^\alpha=\beta s_1^{-1}$，$s_1^\alpha=s_1$，则 $\alpha^p s_1^{\binom{p}{2}}s_2^{\binom{p}{3}}\cdots s_{p-1}$ 是 H 的恒等自同构. 设 G 是 H 与 $\langle\alpha\rangle$ 的乘积，其中 $\alpha^p=s_1^{-\binom{p}{2}}s_2^{-\binom{p}{3}}\cdots s_{p-1}^{-1}s_r^{\delta p^{e-1}}$（$\delta$ 与 p 互素），则 G 是极大类 p 群，序列 $\{\beta,\alpha,s_1,\cdots,s_i,\cdots\}$ 为 G 的一个链，G 的一致元素既有 p 阶的，也有 p^2 阶的. 令 $n=re+(p-1-r)(e-1)+2$，则 $|G|=p^n$. 这类群共有 $(n-2,p-1)$ 个互不同构的类型.

定理 13.2.5　设 G 是阶为 p^n（其中 $n\geqslant 4$）的有交换极大子群 A 的极大类 p 群，则 G 与定理 13.2.2～定理 13.2.4 中的一个群同构.

定理 13.2.6　设 G 是有交换极大子群的极大类 3 群，则 G 是以下互不同构群之一：

(1) $|G|=3^{2e+1}$，其中 $e\geqslant 2$.

(1a) $\langle s_1,s_2,b\mid s_1^{3^e}=s_2^{3^e}=b^3=1,[s_1,b]=s_2,[s_2,b]=s_1^{-3}s_2^{-3},[s_1,s_2]=1\rangle$;

(1b) $\langle s_1,s_2,b\mid s_1^{3^e}=s_2^{3^e}=1,b^3=s_2^{3^{e-1}},[s_1,b]=s_2,[s_2,b]=s_1^{-3}s_2^{-3},[s_1,s_2]=1\rangle$;

(1c) $\langle s_1,s_2,b,a\mid s_1^{3^e}=s_2^{3^{e-1}}=b^3=1,a^3=s_1^{-3}s_2^{-1}s_1^{3^{e-1}},[a,b]=s_1,[s_1,b]=s_2,$

$[s_2,b]=s_1^{-3}s_2^{-3},[s_1,s_2]=[s_1,a]=1\rangle$.

(2) $|G|=3^{2e}$，其中 $e\geqslant 2$.

(2a) $\langle s_1,s_2,b\mid s_1^{3^e}=s_2^{3^{e-1}}=b^3=1,[s_1,b]=s_2,[s_2,b]=s_1^{-3}s_2^{-3},[s_1,s_2]=1\rangle$;

(2b) $\langle s_1,s_2,b\mid s_1^{3^e}=s_2^{3^{e-1}}=1,b^3=s_1^{3^{e-1}},[s_1,b]=s_2,[s_2,b]=s_1^{-3}s_2^{-3},[s_1,s_2]=1\rangle$;

(2c) $\langle s_1,s_2,b,a\mid s_1^{3^{e-1}}=s_2^{3^{e-1}}=b^3=1,a^3=s_1^{-3}s_2^{-1}s_2^{v3^{e-2}},[a,b]=s_1,[s_1,b]=s_2,[s_2,b]=s_1^{-3}s_2^{-3},[s_1,s_2]=[s_1,a]=1\rangle$，其中 $v=1,2$.

定理 13.2.7 设 G 是有交换极大子群的极大类 3 群，则 G 是 capable 群当且仅当 G 是以下群之一：

(1) $|G|=3^{2e+1}$，其中 $e\geqslant 2$.

$\langle s_1,s_2,b\mid s_1^{3^e}=s_2^{3^e}=b^3=1,[s_1,b]=s_2,[s_2,b]=s_1^{-3}s_2^{-3},[s_1,s_2]=1\rangle$.

(2) $|G|=3^{2e}$，其中 $e\geqslant 2$.

$\langle s_1,s_2,b\mid s_1^{3^e}=s_2^{3^{e-1}}=b^3=1,[s_1,b]=s_2,[s_2,b]=s_1^{-3}s_2^{-3},[s_1,s_2]=1\rangle$.

证明 G 是有交换极大子群的极大类 3 群，则 G 是定理 13.2.6 中的群. 当 G 是群(1a)时，存在 $H=\langle s_1,s_2,b\mid s_1^{3^{e+1}}=s_2^{3^e}=b^3=1,[s_1,b]=s_2,[s_2,b]=s_1^{-3}s_2^{-3},[s_1,s_2]=1\rangle$，$Z(H)=\langle s_1^{3^e}\rangle$，$H/Z(H)\cong G$. 事实上，$H$ 可由交换群 $A=\langle s_1\rangle\times\langle s_2\rangle\cong Z_{3^{e+1}}\times Z_{3^e}$ 出发，添加元素 b，作循环扩张得到.

令映射 σ：$\begin{cases}s_1\to s_1s_2\\ s_2\to s_1^{-3}s_2^{-3}\end{cases}$，再把它扩充到整个 A 上，易证 σ 是 A 的 3 阶自同构. 设 $\langle b\rangle$ 是 3 阶循环群，且 b 在 A 上的作用与 σ 相同. 令 $B=A\langle b\rangle=\langle s_1,s_2,b\rangle$，$H=\langle s_1,s_2,b\mid s_1^{3^{e+1}}=s_2^{3^e}=b^3=1,[s_1,b]=s_2,[s_2,b]=s_1^{-3}s_2^{-3},[s_1,s_2]=1\rangle$，则 $Z(H)=\langle s_1^{3^e}\rangle$，$H/Z(H)\cong G$. 所以 G 是 capable 群.

当 G 是群(1b)时，若存在 H 满足 $H/Z(H)\cong G$，则有 $s_2^{3^{e-1}}$ 与 b 和 s_1 都交换，$s_2^{3^{e-1}}\in Z(H)$，矛盾.

当 G 是群(1c)时，通过换位子计算可得 $s_1^{3^{e-1}}\in Z(H)$，矛盾.

当 G 是群(2a)时，存在 $H=\langle s_1,s_2,b\mid s_1^{3^e}=s_2^{3^e}=b^3=1,[s_1,b]=s_2,[s_2,b]=s_1^{-3}s_2^{-3},[s_1,s_2]=1\rangle$. $Z(H)=\langle s_2^{3^{e-1}}\rangle$，$H/Z(H)\cong G$. 事实上，$H$ 可由交换群 $A=\langle s_1\rangle\times\langle s_2\rangle\cong Z_{3^{e+1}}\times Z_{3^e}$ 出发，添加元素 b，作循环扩张得到.

映射 σ：$\begin{cases}s_1\to s_1s_2\\ s_2\to s_1^{-3}s_2^{-3}\end{cases}$，再把它扩充到整个 A 上，易证 σ 是 A 的 3 阶自同构. 设 $\langle b\rangle$ 是 3 阶循环群，且 b 在 A 上的作用与 σ 相同. 令 $B=A\langle b\rangle=\langle s_1,s_2,b\rangle$，令 $H=\langle s_1,s_2,b\mid s_1^{3^e}=s_2^{3^e}=b^3=1,[s_1,b]=s_2,[s_2,b]=s_1^{-3}s_2^{-3},[s_1,s_2]=1\rangle$，则 $Z(H)=\langle s_2^{3^{e-1}}\rangle$，$H/Z(H)\cong G$. 所以 G 是 capable 群.

当 G 是群(2b)时，若存在 H 满足 $H/Z(H)\cong G$，则有 $s_1^{3^{e-1}}$ 与 b 和 s_2 都交换，$s_1^{3^{e-1}}\in Z(H)$，矛盾.

当 G 是群(2c)时，通过换位子计算可得 $a^{3^{e-1}}\in Z(H)$，矛盾.

13.3 附　注

13.1 节的主要内容以及定理 13.2.1～定理 13.2.5 的主要内容可在参考文献[4]中查到.

第 14 章　一些 M_2 群的 capable 性质

14.1　相关定义和结果

称一个有限非交换 p 群 G 为 M_n 群，如果 G 中存在交换极大子群，并且交换极大子群的生成元的个数最小是 n，则容易看到，M_1 群就是具有循环极大子群的有限非交换 p 群. 它的分类结果已知，见参考文献[4]. M_2 群就是具有二元生成的交换极大子群且没有循环极大子群的有限非交换 p 群. 当 $p=2$ 时，M_2 群的分类在参考文献[37]中已经给出；当 $p\geqslant 5$ 时，M_2 群的分类在参考文献[38]中已经给出，本章是对 M_2 群的 capable 性质做了一些探索.

定理 14.1.1　内交换 p 群 G 是 capable 群当且仅当 G 是下列群之一：

(1) G 为亚循环群：

(i) $p>2$.

① $G=\langle a,b \mid a^{p^m}=b^{p^m}=1, a^b=a^{1+p^{m-1}}\rangle, m\geqslant 2$.

(ii) $p=2$.

② $G=\langle a,b \mid a^{2^m}=b^{2^m}=1, a^b=a^{1+2^{m-1}}\rangle, m>2$；

③ $G=\langle a,b \mid a^{2^2}=b^2=1, a^b=a^{-1}\rangle=D_8$.

(2) G 为非亚循环群：

(i) $p>2$.

④ $G=\langle a,b \mid a^{p^m}=b^{p^m}=c^p=1, [a,b]=c, [a,c]=[b,c]=1\rangle$.

(ii) $p=2$.

⑤ $G=\langle a,b \mid a^{2^m}=b^{2^m}=c^2=1, [a,b]=c, [a,c]=[b,c]=1\rangle, m>1$.

⑥ $G=\langle a,b \mid a^{2^2}=b^2=c^2=1, [a,b]=c, [a,c]=[b,c]=1\rangle$.

定理 14.1.2　设 G 是 M_2 的 $p(p>3)$群，当且仅当 G 是下列互不同构的群之一：

(1) $M_p(n,m), m>1, n\geqslant 2$.

(2) $M_p(n,m,1), n\geqslant m>1$.

(3) $G=\langle a,b,c \mid a^{p^m}=b^{p^m}=1, c^p=1, [b,a]=1, [a,c]=1, [b,c]=b^{p^{m-1}}\rangle$.

(4) $G=\langle a,b,c \mid a^{p^m}=b^{p^m}=1, c^p=1, [b,a]=1, [a,c]=1, [b,c]=a^{p^{m-1}}\rangle$.

(5) $G=\langle a,b,c \mid a^{p^m}=b^{p^n}=1, c^p=1, [b,a]=1, [a,c]=1, [b,c]=b^{p^{n-1}}\rangle$,

$m>n$.

(6) $G=\langle a,b,c \mid a^{p^m}=b^{p^n}=1,c^p=1,[b,a]=1,[a,c]=1,[b,c]=a^{p^{m-1}}\rangle$, $m>n$.

(7) $G=\langle a,b,c \mid a^{p^m}=b^{p^n}=1,c^p=1,[b,a]=1,[b,c]=1,[a,c]=b^{p^{n-1}}\rangle$, $m>n$.

(8) $G=\langle a,b,c \mid a^{p^m}=b^{p^n}=1,c^p=1,[b,a]=1,[b,c]=1,[a,c]=a^{p^{m-1}}\rangle$, $m>n$.

(9) $G=\langle a,b,c \mid a^{p^m}=b^{p^m}=1,c^p=1,[a,b]=1,[b,c]=b^{p^{m-1}},[a,c]=a^{p^{m-1}}$.

(10) $G=\langle a,b,c \mid a^{p^m}=b^{p^m}=c^p=1,[a,b]=1,[a,c]=a^{p^{m-1}},[b,c]=a^{p^{m-1}}b^{p^{m-1}}\rangle$.

(11) $G=\langle a,b,c \mid a^{p^m}=b^{p^m}=1,c^p=1,[a,b]=1,[b,c]=a^{p^{m-1}}b^{tp^{m-1}},[c,a]=a^{-tp^{m-1}}b^{kp^{m-1}}\rangle$，这里 $k=1$ 或一个固定的模 p 平方非剩余，$t\in 0,1,\cdots,(p-1)/2$，使得 $t^2\neq -k$.

(12) $G=\langle a,b,c \mid a^{p^m}=b^{p^n}=1,c^p=1,[a,b]=1,[c,a]=a^{p^{m-1}},[b,c]=b^{tp^{n-1}}\rangle$，$p-1\geqslant t\geqslant 1$，$m>n$.

(13) $G=\langle a,b,c \mid a^{p^m}=b^{p^n}=1,c^3=1,[a,b]=1,[c,a]=b^{tp^{n-1}},[b,c]=a^{p^{m-1}}\rangle$，这里 $v=1$ 或者一个固定的模 p 平方非剩余，$m>n$.

引理 14.1.1[18]　设 G 是有限 p 群.

(1) 若 $c(G)<p$，则 G 正则；

(2) 若 $|G|\leqslant p^p$，则 G 正则；

(3) 若 $p>2$ 且 G' 循环，则 G 正则；

(4) 若 $\exp(G)=p$，则 G 正则.

引理 14.1.2[18]　设 G 是有限正则 p 群，$a,b\in G$，s,t 为非负整数，则

$$[a^{p^s},b^{p^t}]=1\Leftrightarrow[a,b]^{p^{s+t}}=1$$

14.2　一些 M_2 群的 capable 性质研究

定理 14.2.1　设 G 是 M_2 的 $p(p>3)$ 群，则 G 是 capable 群当且仅当 G 是下列群之一：

(1) $M_3(m,m)$，$m>1$，$n\geqslant 2$；

(2) $M_3(m,m,1)$，$n\geqslant m>1$；

(3) $G=\langle a,b,c \mid a^{p^m}=b^{p^m}=1,c^p=1,[b,a]=1,[a,c]=1,[b,c]=b^{p^{m-1}}\rangle$；

(4) $G=\langle a,b,c \mid a^{p^m}=b^{p^m}=1,c^p=1,[b,a]=1,[a,c]=1,[b,c]=a^{p^{m-1}}\rangle$；

(5) $G=\langle a,b,c \mid a^{p^m}=b^{p^m}=1,c^p=1,[a,b]=1,[b,c]=b^{p^{m-1}},[a,c]=a^{p^{m-1}}$;

(6) $G=\langle a,b,c \mid a^{p^m}=b^{p^m}=c^p=1,[a,b]=1,[a,c]=a^{p^{m-1}},[b,c]=a^{p^{m-1}}b^{p^{m-1}}\rangle,t=1,-1$;

(7) $G=\langle a,b,c \mid a^{p^m}=b^{p^m}=1,c^p=1,[a,b]=1,[b,c]=a^{p^{m-1}}b^{tp^{m-1}},[c,a]=a^{-tp^{m-1}}b^{kp^{m-1}}\rangle$，这里 $k=1$ 或一个固定的模 p 平方非剩余，$t\in 0,1,\cdots,(p-1)/2$，使得 $t^2\neq -k$.

证明 对定理 14.1.2 中的群逐个考查. 群(1)和群(2)是内交换群，由定理 14.1.1 可得结论. 当 G 是群(3)时，存在 $H=\langle a,b,c \mid a^{p^m}=b^{p^m}=d^{p^m}=c^p=1,[b,a]=d,[a,c]=1,[b,c]=b^{p^{m-1}},[b^{p^{m-1}},a]=d^{p^{m-1}}\rangle$，$Z(H)=\langle d\rangle$，$H/Z(H)\cong G$. 事实上，$H$ 可由交换群 $A=\langle a\rangle\times\langle d\rangle\cong Z_{p^m}\times Z_{p^m}$ 出发，依次添加元素 b,c，作两次循环扩张得到.

令映射 σ：$\begin{cases}a\to ad^{-1}\\ d\to d\end{cases}$，再把它扩充到整个 A 上，易证 σ 是 A 的 p^m 阶自同构. 设 $\langle b\rangle$ 是 p^m 阶循环群，且 b 在 A 上的作用与 σ 相同. 令 $B=A\langle b\rangle=\langle a,b,d\rangle$.

在 B 中规定映射 β：$\begin{cases}b\to bb^{p^{m-1}}\\ a\to a\\ d\to d\end{cases}$，再把它扩充到整个 B 上，易证 β 是 B 的 p 阶自同构. 设 $\langle c\rangle$ 是 p 阶循环群，且 c 在 B 上的作用与 β 相同，令 $H=\langle a,b,c \mid a^{p^m}=b^{p^m}=d^{p^m}=c^p=1,[b,a]=d,[a,c]=1,[b,c]=b^{p^{m-1}},[b^{p^{m-1}},a]=d^{p^{m-1}}\rangle$，$Z(H)=\langle d\rangle$，$H/Z(H)\cong G$. 所以 G 是 capable 群.

当 G 是群(4) 时，存在 $H=\langle a,b,c \mid a^{p^m}=b^{p^m}=d^{p^m}=c^p=1,[b,a]=d,[a,c]=1,[b,c]=a^{p^{m-1}},[a^{p^{m-1}},b]=d^{p^{m-1}}\rangle$，$Z(H)=\langle d\rangle$，$H/Z(H)\cong G$. 事实上，$H$ 可由交换群 $A=\langle a\rangle\times\langle d\rangle\cong Z_{p^m}\times Z_{p^m}$ 出发，依次添加元素 b,c，作两次循环扩张得到.

令映射 σ：$\begin{cases}a\to ad^{-1}\\ d\to d\end{cases}$.，再把它扩充到整个 A 上，易证 σ 是 A 的 p^m 阶自同构. 设 $\langle b\rangle$ 是 p^m 阶循环群，且 b 在 A 上的作用与 σ 相同. 令 $B=A\langle b\rangle=\langle a,b,d\rangle$.

在 B 中规定映射 β：$\begin{cases}b\to ba^{p^{m-1}}\\ a\to a\\ d\to d\end{cases}$，再把它扩充到整个 B 上，易证 β 是 B 的 p 阶自同构. 设 $\langle c\rangle$ 是 p 阶循环群，且 c 在 B 上的作用与 β 相同，令 $H=\langle a,b,c \mid a^{p^m}=b^{p^m}=d^{p^m}=c^p=1,[b,a]=d,[a,c]=1,[b,c]=b^{p^{m-1}},[b^{p^{m-1}},a]=d^{p^{m-1}}\rangle$，$Z(H)=\langle d\rangle$，$H/Z(H)\cong G$. 所以 G 是 capable 群.

当 G 是群(5)～群(8)，群(12)，群(13)时，均有 $m\neq n$，不妨设 $m>n$，定义关系式

中都有 $a^{p^m}=b^{p^n}=1,[b,a]=1$,若存在群 H,使得 $H/Z(H)\cong G$,则有 $a^{p^m}\in Z(H),b^{p^n}\in Z(H),[a,b]\in Z(H),m>n$. 因为 $1=[a,b^{p^n}]=[a,b]^{p^n}$,所以$[a^{p^n},b]=[a,b]^{p^n}=1$,即 $a^{p^n}\in Z(H)$,但 $n<m$,矛盾. G 不是 capable 群.

当 G 是群(9) 时,$G=\langle a,b,c\mid a^{p^m}=b^{p^m}=1,c^p=1,[a,b]=1,[b,c]=b^{p^{m-1}},[a,c]=a^{p^{m-1}}\rangle$,存在 $H=\langle a,b,c\mid a^{p^m}=b^{p^m}=d^{p^m}=c^p=1,[b,a]=d,[a,c]=a^{p^{m-1}},[b,c]=b^{p^{m-1}},[a^{p^{m-1}},b]=[a,b^{p^{m-1}}]=d^{p^{m-1}}\rangle,Z(H)=\langle d\rangle,H/Z(H)\cong G$. H 可由交换群 $A=\langle b\rangle\times\langle d\rangle\cong Z_{p^m}\times Z_{p^m}$ 出发,依次添加元素 a,c,作两次循环扩张得到. $c(H)=3$,H 正则且亚交换.

令映射 σ: $\begin{cases}b\to bd\\ d\to d\end{cases}$.,再把它扩充到整个 A 上,易证 σ 是 A 的 p^m 阶自同构. 设 $\langle a\rangle$是 p^m 阶循环群,且 a 在 A 上的作用与 σ 相同. 令 $B=A\langle a\rangle=\langle a,b,d\rangle$.

在 B 中规定映射β: $\begin{cases}b\to bb^{p^{m-1}}\\ a\to aa^{p^{m-1}}\\ d\to d\end{cases}$,再把它扩充到整个 B 上,易证 β 是 B 的 p 阶自同构. 设$\langle c\rangle$是 p 阶循环群,且 c 在 B 上的作用与 β 相同,令 $H=\langle a,b,c\mid a^{p^m}=b^{p^m}=d^{p^m}=c^p=1,[b,a]=d,[a,c]=1,[b,c]=b^{p^{m-1}},[b^{p^{m-1}},a]=d^{p^{m-1}}\rangle,Z(H)=\langle d\rangle$, $H/Z(H)\cong G$. 所以 G 是 capable 群.

当 G 是群(10) 时,$G=\langle a,b,c\mid a^{p^m}=b^{p^m}=c^p=1,[a,b]=1,[a,c]=a^{p^{m-1}},[b,c]=a^{p^{m-1}}b^{p^{m-1}}\rangle$,存在 $H=\langle a,b,c\mid a^{p^m}=b^{p^m}=d^{p^m}=c^p=1,[b,a]=d,[a,c]=b^{p^{m-1}},[b,c]=a^{p^{m-1}}b^{p^{m-1}},[a^{p^{m-1}},b]=[a,b^{p^{m-1}}]=d^{p^{m-1}}\rangle,Z(H)=\langle d\rangle,H/Z(H)\cong G$. $c(H)=3$,H 正则且亚交换. H 可由交换群 $A=\langle b\rangle\times\langle d\rangle\cong Z_{p^m}\times Z_{p^m}$ 出发,依次添加元素 a,c,作两次循环扩张得到.

令映射 σ: $\begin{cases}b\to bd\\ d\to d\end{cases}$.,再把它扩充到整个 A 上,易证 σ 是 A 的 p^m 阶自同构. 设 $\langle a\rangle$是 p^m 阶循环群,且 a 在 A 上的作用与 σ 相同. 令 $B=A\langle a\rangle=\langle a,b,d\rangle$.

在 B 中规定映射β: $\begin{cases}b\to ba^{p^{m-1}}b^{p^{m-1}}\\ a\to ab^{p^{m-1}}\\ d\to d\end{cases}$,再把它扩充到整个 B 上,易证 β 是 B 的 p 阶自同构. 设$\langle c\rangle$是 p 阶循环群,且 c 在 B 上的作用与 β 相同,令 $H=\langle a,b,c\mid a^{p^m}=b^{p^m}=d^{p^m}=c^p=1,[b,a]=d,[a,c]=b^{p^{m-1}},[b,c]=a^{p^{m-1}}b^{p^{m-1}},[a^{p^{m-1}},b]=[a,b^{p^{m-1}}]=d^{p^{m-1}}\rangle,Z(H)=\langle d\rangle,H/Z(H)\cong G$.

当 G 是群(11) 时,$G=\langle a,b,c\mid a^{p^m}=b^{p^m}=1,c^p=1,[a,b]=1,[b,c]=$

$a^{p^{m-1}}b^{tp^{m-1}}, [c,a]=a^{-tp^{m-1}}b^{kp^{m-1}}\rangle$，这里 $k=1$ 或一个固定的模 p 平方非剩余，$t\in 0, 1,\cdots,(p-1)/2$，使得 $t^2\neq -k$. 存在 $H=\langle a,b,c\mid a^{p^m}=b^{p^m}=d^{p^m}=c^p=1, [a,b]=d, [b,c]=a^{p^{m-1}}b^{tp^{m-1}}, [c,a]=a^{-tp^{m-1}}b^{kp^{m-1}}, [a^{p^{m-1}},b]=[a,b^{p^{m-1}}]=d^{p^{m-1}}\rangle$，$Z(H)=\langle d\rangle$，$H/Z(H)\cong G$. $c(H)=3$，H 正则且亚交换. H 可由交换群 $A=\langle a\rangle\times\langle d\rangle\cong Z_{p^m}\times Z_{p^m}$ 出发，依次添加元素 b,c，作两次循环扩张得到.

令映射 σ：$\begin{cases}a\to ad\\ d\to d\end{cases}$，再把它扩充到整个 A 上，易证 σ 是 A 的 p^m 阶自同构. 设 $\langle b\rangle$ 是 p^m 阶循环群，且 b 在 A 上的作用与 σ 相同. 令 $B=A\langle b\rangle=\langle a,b,d\rangle$.

在 B 中规定映射 β：$\begin{cases}b\to ba^{p^{m-1}}b^{tp^{m-1}}\\ a\to aa^{tp^{m-1}}b^{-kp^{m-1}}\\ d\to d\end{cases}$，再把它扩充到整个 B 上，易证 β 是 B 的 p 阶自同构. 设 $\langle c\rangle$ 是 p 阶循环群，且 c 在 B 上的作用与 β 相同，令 $H=\langle a,b,c\mid a^{p^m}=b^{p^m}=d^{p^m}=c^p=1, [a,b]=d, [b,c]=a^{p^{m-1}}b^{tp^{m-1}}, [c,a]=a^{-tp^{m-1}}b^{kp^{m-1}}, [a^{p^{m-1}},b]=[a,b^{p^{m-1}}]=d^{p^{m-1}}\rangle$，$Z(H)=\langle d\rangle$，$H/Z(H)\cong G$.

定理 14.2.2 设 $G(n>m)$ 为下列群之一：

(1) $G=\langle a,b,c\mid a^{2^n}=b^{2^m}=1, a^b=a, a^c=a, b^c=b^{-1+2^{m-1}}, c^2=1\rangle$；

(2) $G=\langle a,b,c\mid a^{2^n}=b^{2^m}=1, a^b=a, a^c=a, b^c=a^{2^{n-m}}b^{-1}, c^2=1\rangle$，$m\geqslant 2$；

(3) $G=\langle a,b,c\mid a^{2^n}=b^{2^m}=1, a^b=a, a^c=a, b^c=b^{1+2^{m-1}}, c^2=1\rangle$；

则 G 不是 capable 群.

证明 三个群的定义关系均有 $a^b=a, a^c=a$，若存在群 H，能使得 $H/Z(H)\cong G$，则有 $[a,b]\in Z(H)$，$[a,c]\in Z(H)$，而由 $c^2\in Z(H)$，有 $1=[a,c^2]=[a^2,c]$，$b^{2^m}\in Z(H)$，$1=[a,b^{2^m}]=[a^{2^m},b]$，$a^{2^m}\in Z(H)$. 矛盾.

定理 14.2.3 设 $G(n\geqslant m)$ 为下列群之一：

(1) $G=\langle b,c\mid a^{2^n}=b^2=1, a^b=a, a^c=a, b^c=a^{2^{n-1}}b, c^2=a\rangle$，$n\geqslant 2$；

(2) $G=\langle b,c\mid a^{2^n}=b^{2^m}=1, a^b=a, a^c=a, b^c=b^{-1}, c^2=a\rangle$，$m\geqslant 2$；

则 G 不是 capable 群.

证明 群(1)的定义关系有 $a^b=a, a^c=a, c^2=a$，若存在群 H，能使得 $H/Z(H)\cong G$，则有 $[a,b]\in Z(H)$，$[a,c]\in Z(H)$，而 $c^2=a$，有 $1=[a,c^2]=[a^2,c]$，$b^2\in Z(H)$，$1=[a,b^2]=[a^2,b]$，$a^2\in Z(H)$. 矛盾.

群(2)的定义关系有 $a^b=a, a^c=a, c^2=a, b^c=b^{-1}$，若存在群 H，能使得 $H/Z(H)\cong G$，则有 $[a,b]\in Z(H)$，$[a,c]\in Z(H)$，而由 $c^2=a$，有 $1=[a,c^2]=[a^2,c]$，$[b,c]=b^{-2}$，$1=[b^2,c]=[b,c]^2$，$[b,c^2]=[b,c]^2[b,c,c]=1$，$c^2\in Z(H)$. 矛盾.

定理 14.2.4 设 $G(n\geqslant m)$ 为下列群之一：

(1) $G=\langle a,c\mid a^{2^n}=b^{2^m}=1,a^b=a,a^c=a^{-1+2^{n-1}},b^c=b,c^2=b\rangle,m\geqslant 1,n\geqslant 3$;

(2) $G=\langle a,c\mid a^{2^n}=b^{2^m}=1,a^b=a,a^c=a^{1+2^{n-1}},b^c=b,c^2=b\rangle,m\geqslant 1,n\geqslant 3$;

则 G 不是 capable 群.

证明　群(1)的定义关系有 $a^b=a,b^c=b,c^2=b$,若存在群 H,能使得 $H/Z(H)\cong G$,则有$[a,b]\in Z(H),[b,c]\in Z(H)$,而由 $c^2=b$,有 $1=[b,c^2]$. 由 $a^c=a^{-1+2^{n-1}}$,有$[a,c]=a^{-2+2^{n-1}},[a^2,c]=[a,c]^2.[a,c^2]=[a,c]^2[a,c,c]=[a^{2^{n-1}},c].[a,c^2]^2=[a^{2^{n-1}},c]^2=1.[a,c^{2^2}]=1.c^{2^2}\in Z(H)$. 矛盾.

群(2)的定义关系有 $a^b=a,b^c=b,c^2=b$,若存在群 H,能使得 $H/Z(H)\cong G$,则有$[a,b]\in Z(H),[b,c]\in Z(H)$,而由 $c^2=b$,有 $1=[b,c^2]$. 由 $a^c=a^{1+2^{n-1}}$,有$[a,c]=a^{2^{n-1}},[a^2,c]=[a,c]^2.[a,c^2]=[a,c]^2[a^{2^{n-1}},c]=[a,c]^{2^n}=1.c^{2^2}\in Z(H)$. 矛盾.

定理 14.2.5　设 $G(n-m\geqslant 2)$ 为下列群:

$$G=\langle a,c\mid a^{2^n}=b^{2^m}=1,a^b=a,a^c=a^{-1},b^c=a^{2^{n-m}}b,c^2=a^{2^{n-m-1}}b\rangle,\quad m\geqslant 1$$

则 G 不是 capable 群.

证明　定义关系有 $a^b=a,c^2=a^{2^{n-m-1}}b$,若存在群 H,能使得 $H/Z(H)\cong G$,则有$[a,b]\in Z(H),[a,c^2]=[a,b]\in Z(H)$,而由 $a^c=a^{-1}$,有$[a,c]=a^{-2},[a^2,c]=[a,c]^2.[a,c^2]=[a,c]^2[a^{-2},c]=1.1=[a,b^{2^m}]=[a^{2^m},b],a^{2^m}\in Z(H)$. 矛盾.

定理 14.2.6　设 $G(n\geqslant m)$ 为下列群之一:

(1) $G=\langle a,b,c\mid a^{2^n}=b^{2^m}=1,a^b=a,a^c=a^{1+2^{n-1}},b^c=b^{1+2^{m-1}},c^2=1\rangle$;

(2) $G=\langle a,b,c\mid a^{2^n}=b^{2^m}=1,a^b=a,a^c=a^{1+2^{n-1}},b^c=b^{-1+2^{m-1}},c^2=1\rangle$;

(3) $G=\langle a,b,c\mid a^{2^n}=b^{2^m}=1,a^b=a,a^c=a^{1+2^{n-1}},b^c=b^{-1},c^2=1\rangle,m\geqslant 2,n\geqslant 3$;

则 G 不是 capable 群.

证明　三个群的定义关系均有 $a^b=a,a^c=a^{1+2^{n-1}},c^2=1$,若存在群 H,能使得$H/Z(H)\cong G$,则有$[a,b]\in Z(H),c^2\in Z(H),[a,c]=a^{2^{n-1}},1=[a,c^2]=[a,c]^2[a,c,c]=[a^2,c][a^{2^{n-1}},c]=[a,c]^{2^n},1=[a^2,c].b^{2^m}\in Z(H)$,有 $1=[a,b^{2^m}]=[a^{2^m},b],a^{2^m}\in Z(H)$. 矛盾.

定理 14.2.7　设 $G(n=m)$ 为下列群:

$$G=\langle a,b,c\mid a^{2^n}=b^{2^m}=1,a^b=a,a^c=b,b^c=a,c^2=ab\rangle,\quad m\geqslant 1$$

则 G 是 capable 群.

证明　在 $H=\langle a,b,c\mid a^{2^{m+1}}=b^{2^{m+1}}=1,a^b=a,a^c=b,b^c=a,c^2=ab,a^{2^m}=b^{2^m}\rangle,Z(H)=\langle a^{2^m}\rangle,H/Z(H)\cong G$. H 可由交换群 $A=\langle a\rangle\cong Z_{2^{m+1}}$ 出发,添加元素

b,c,作循环扩张得到.

在$\langle a,b\rangle$ 中规定映射β: $\begin{cases} a\to b \\ b\to a \end{cases}$,再把它扩充到整个 B 上,易证β是B 的 2 阶自同构.设$\langle c\rangle$是 2^{m+2} 阶循环群,且 c 在 A 上的作用与β 相同,$H=\langle a,b,c \mid a^{2^{m+1}}=b^{2^m}=1,a^b=a,a^c=b,b^c=a,c^2=ab\rangle$,$Z(H)=\langle a^{2^m}\rangle$,$H/Z(H)\cong G$.

定理 14.2.8 设 G 为群$\langle a,b \mid a^8=b^2=1,[a,b]=c,a^4=c^2,[c,b]=c^2,[a,c]=1\rangle$,则 G 是 capable 群.

证明 可由群 G 构造出群 H,使得 $H/Z(H)\cong G$.

可从 2^4 阶交换群出发,作循环扩张.

设交换群 $A=\langle c\rangle\times\langle d\rangle\cong Z_8\times Z_2$.

令映射σ: $\begin{cases} c\to c^7 \\ d\to d \end{cases}$,再把它扩充到整个 A 上,可证σ 是A 的 2 阶自同构.设$\langle b\rangle$是 2 阶循环群,且 b 在 A 上的作用与σ 相同.令 $B=\langle c,d\rangle\rtimes\langle b\rangle$,则$|B|=2^5$.

在 B 中规定映射β: $\begin{cases} c\to cd^{-1} \\ b\to bc^{-1} \\ d\to d \end{cases}$,再把它扩充到整个 B 上,可证β 是B 的 8 阶自同构.设$\langle a\rangle$是 8 阶循环群,且 a 在 B 上的作用与β 相同.

令 $H=B\langle a\rangle,a^4=c^2$,则有 2^7 阶群 $H=\langle a,b \mid a^8=b^2=c^8=d^2=1,c^2=a^4,[a,b]=c,[c,b]=c^6,[a,c]=d,[d,a]=[d,b]=[d,c]=1\rangle$,因为 $b^{a^4}=bc^{-4}\neq b$,故 $a^4=c^2\notin Z(H)$,而$[c^4,b]=[c^2,a]=1$,所以 $Z(H)=\langle d,c^4\rangle$,$H/Z(H)\cong G$,从而 G 是 capable 群.

定理 14.2.9 设 G 为群$\langle a,b,c \mid a^4=b^4=c^2=1,[a,c]=a^2,[b,c]=a^2b^2,[a,b]=1\rangle$,则 G 是 capable 群.

证明 从 2^4 阶交换群$\langle b,d\rangle\cong Z_4\times Z_4$ 出发,依次添加元素 a,c 作循环扩张,得到 2^7 群 $H=\langle a,b,c \mid a^8=b^4=c^2=d^4=1,[a,c]=a^6,[b,c]=a^2b^2,[a,b]=d,d^2=a^4,[d,a]=[d,b]=[d,c]=1\rangle$,因为$(b^2)^a=b^2d^{-2}\neq b^2$,$(a^2)^b=a^2d^2\neq a^2$,所以 a^2 与 b^2 不属于中心,中心是 4 阶循环群$\langle d\rangle$,且有 $H/Z(H)\cong G$,从而 G 是 capable 群.

14.3 附 注

14.1 节的主要内容可在参考文献[27,38]中查到,14.2 节的主要内容是作者对 M_2 群的中心商性质做的一些探索.定理 14.2.1 对 $p>3$ 的 M_2 群进行了研究;定理 14.2.2~定理 14.2.7 研究了部分 $p=2$ 的 M_2 群,对于 $p=3$ 的M_2 群能否充当中心商,还没有得到结果,作者将会做进一步的研究.

附录 A　p^4 阶群的分类

设 G 是 p^4 阶群，则 G 同构于以下群之一：

1. G 为交换群：

(1) $G \cong C_{p^4}$；

(2) $G=\langle a,b \mid b^p=a^{p^3}=1,[a,b]=1\rangle$；

(3) $G=\langle a,b \mid b^{p^2}=a^{p^2}=1,[a,b]=1\rangle$；

(4) $G=\langle a,b,c \mid b^p=c^p=a^{p^2}=1,[a,b]=[a,c]=[b,c]=1\rangle$；

(5) $G\cong {C_p}^4$.

2. G 为非交换群($p=2$)：

(6) 广义四元数群 $G=\langle a,b \mid a^{2^3}=1,b^{-1}ab=a^{-1},b^2=a^4\rangle$；

(7) 二面体群 $G=\langle a,b \mid b^2=a^{2^3}=1,b^{-1}ab=a^{-1}\rangle$；

(8) $G=\langle a,b \mid b^2=a^{2^3}=1,b^{-1}ab=a^5\rangle$；

(9) 半二面体群 $G=\langle a,b \mid b^2=a^{2^3}=1,b^{-1}ab=a^3\rangle$；

(10) $G\cong D_8\times C_2$；

(11) $G=\langle a,b \mid b^4=a^4=1,b^{-1}ab=a^{-1}\rangle$；

(12) $G\cong C_4 * D_8\cong C_4 * Q_8$；

(13) $G\cong Q_8\times C_2$；

(14) $G=\langle a,b,c \mid b^2=c^2=a^4=1,[a,b]=c,[a,c]=[b,c]=1\rangle$.

3. G 为非交换群($p>2$)：

(6′) $G=\langle a,b \mid b^p=a^{p^3}=1,b^{-1}ab=a^{1+p^2}\rangle$.

(7′) $G\cong M\times C_p$，其中 M 是 p^3 阶非交换群且 $\exp M=p^2$.

(8′) $G=\langle a,b \mid b^{p^2}=a^{p^2}=1,b^{-1}ab=a^{1+p}\rangle$.

(9′) $G=\langle a,b,c \mid b^p=c^p=a^{p^2}=1,[b,c]=a^p,[a,b]=[a,c]=1\rangle$.

(10′) $G=\langle a,b,c \mid b^p=c^p=a^{p^2}=1,[a,b]=c,[a,c]=[b,c]=1\rangle$.

(11′) $G=\langle a,b,c \mid b^p=c^p=a^{p^2}=1,[a,b]=a^p,[a,c]=b,[b,c]=1\rangle$.

(12′～13′) $G=\langle a,b,c \mid b^p=a^{p^2}=1,[a,b]=a^p,c^p=a^{\alpha p},[a,c]=b,[b,c]=1\rangle$，其中 $\alpha=1$ 或 α 是一个固定的模 p 的平方非剩余；当 α 取不同的值时，决定 2 种互不同构的群.

(14′) $G\cong M\times C_p$，其中 M 是 p^3 阶非交换群且 $\exp M=p$.

(15) $G=\langle a,b,c,d\mid a^p=c^p=d^p=b^p=1,[c,d]=b,[b,d]=a,[a,d]=[b,c]=[a,b]=[a,c]=1\rangle$，其中 $p>3$.

(16) $G=\langle a,b,c\mid a^9=b^3=c^3=1,[a,c]=b,[a,b]=1,[c,b^{-1}]=a^{-3}\rangle$.

附录B　2^5 阶群的分类

设 G 是 2^5 阶群，则 G 为如下情形之一：

(1) $C_2\times C_2\times C_2\times C_2\times C_2$；

(2) $C_{2^2}\times C_2\times C_2\times C_2$；

(3) $C_{2^2}\times C_{2^2}\times C_2$；

(4) $C_{2^3}\times C_2\times C_2$；

(5) $C_{2^3}\times C_{2^2}$；

(6) $C_{2^4}\times C_2$；

(7) C_{2^5}；

(8) $D_8\times Z_2\times Z_2$；

(9) $Q_8\times Z_2\times Z_2$；

(10) $(Q_8 * Z_4)\times Z_2$；

(11) $H\times Z_2$，其中 $H=\langle a,b\mid a^4=c^2=b^2=1,[a,b]=c,[b,c]=[a,c]=1\rangle$ 为 2^4 阶内交换的非亚循环群；

(12) $H\times Z_2$，其中 $H=\langle a,b\mid b^4=a^4=1,a^b=a^{-1}\rangle$ 为 2^4 阶内交换的亚循环群；

(13) $M_{2^4}\times Z_2=\langle a,b,c\mid a^8=c^2=b^2=1,[a,b]=a^4,[b,c]=[a,c]=1\rangle$；

(14) $D_8\times Z_4$；

(15) $Q_8\times Z_4$；

(16) $\langle a,b,c\mid a^4=b^4=c^2=1,[b,c]=a^2,[a,b]=[a,c]=1\rangle$；

(17) $\langle a,b,c\mid a^8=b^2=c^2=1,[b,c]=a^4,[a,b]=[a,c]=1\rangle$；

(18) $\langle a,b,c\mid a^4=b^4=c^2=1,[a,b]=c,[b,c]=[a,c]=1\rangle$；

(19) $\langle a,b\mid b^4=a^8=1,[a,b]=a^4\rangle$；

(20) $\langle a,b,c\mid a^8=c^2=b^2=1,[a,b]=c,[b,c]=[a,c]=1\rangle$；

(21) $\langle a,b\mid b^8=a^4=1,a^b=a^{-1}\rangle$；

(22) $\langle a,b\mid a^{16}=b^2=1,a^b=a^9\rangle$；

(23) $D_{16}\times Z_2$；

(24) $SD_{16}\times Z_2$；

(25) $Q_{16}\times Z_2$；

(26) $\langle a,b,c\mid a^8=b^2=1,[b,a]=a^2,a^4=c^2,[b,c]=[a,c]=1\rangle$；

(27) $\langle a,b\mid a^8=b^2=1,[a,b]=c,[c,b]=c^2,a^4=c^2,[a,c]=1\rangle$；

(28) $\langle a,b\mid a^8=1,b^2=a^4,c^2=b^2,[a,b]=c,[c,b]=c^2,[a,c]=1\rangle$；

(29) $\langle a,b \mid b^4=a^8=1, a^b=a^{-1}\rangle$；

(30) $\langle a,b \mid b^4=a^8=1, a^b=a^3\rangle$；

(31) $\langle a,b,c \mid a^4=c^4=b^2=1,[c,b]=c^2,[a,b]=c,[a,c]=1\rangle$；

(32) $\langle a,b \mid a^8=1,b^4=a^4,a^b=a^{-1}\rangle$；

(33) $\langle a,b,c \mid a^2=b^2=d^2=e^2=c^2=1,[b,c]=e,[a,c]=d,[a,b]=[d,b]=[d,c]=[d,a]=[e,a]=[e,b]=[e,c]=[e,d]=1\rangle$；

(34) $\langle a,b,c \mid a^4=b^4=c^2=1,[b,c]=b^2,[a,c]=a^2,[a,b]=1\rangle$；

(35) $\langle a,b,c \mid a^4=b^4=1,a^2=c^2,[b,c]=b^2,[a,c]=a^2,[a,b]=1\rangle$；

(36) $\langle a,b,c \mid a^4=b^2=c^2=d^2=1,[b,c]=d,[a,c]=a^2,[a,b]=[d,a]=[d,c]=[d,b]=1\rangle$；

(37) $\langle a,b,c \mid a^4=c^2=d^2=1,a^2=b^2,[b,c]=d,[a,b]=a^2,[a,c]=[d,a]=[d,c]=[d,b]=1\rangle$；

(38) $\langle a,b,c \mid a^4=b^2=d^2=c^2=1,[a,c]=d,[b,c]=a^2,[a,b]=[d,a]=[d,c]=[d,b]=1\rangle$；

(39) $\langle a,b,c \mid a^4=b^4=c^2=1,[b,c]=a^2b^2,[a,c]=a^2,[a,b]=1\rangle$；

(40) $\langle a,b,c \mid a^4=b^4=1,c^2=a^2b^2,[b,c]=c^2,[a,c]=a^2,[a,b]=1\rangle$；

(41) $\langle a,b,c \mid a^4=b^4=c^2=1,[b,c]=a^2,[a,c]=b^2a^2,[a,b]=1\rangle$；

(42) $Q_8 * Q_8$；

(43) $D_8 * Q_8$；

(44) $\langle a,b,c \mid a^2=b^8=c^2=1,[b,c]=b^6,[a,c]=1,[a,b]=b^4\rangle$；

(45) $\langle a,b,c \mid a^2=b^8=1,c^2=b^4,[b,c]=b^6,[a,c]=1,[a,b]=b^4\rangle$；

(46) $\langle a,b \mid a^4=b^2=c^2=d^2=1,[a,c]=d,[a,b]=c,[b,c]=[d,a]=[d,c]=[d,b]=1\rangle$；

(47) $\langle a,b \mid a^8=b^2=c^2=1,[c,a]=a^4,[a,b]=c,[c,b]=1\rangle$；

(48) $\langle a,b \mid a^8=c^2=1,b^2=a^4,[c,a]=a^4,[a,b]=c,[c,b]=1\rangle$；

(49) D_{32}；

(50) SD_{32}；

(51) Q_{32}.

附录C　3^5 阶群的分类

设 G 是 3^5 阶群，则 G 为如下情形之一：

(1) $C_3\times C_3\times C_3\times C_3\times C_3$；

(2) $C_{3^2}\times C_3\times C_3\times C_3$；

(3) $C_{3^2}\times C_{3^2}\times C_3$；

(4) $C_{3^3}\times C_3\times C_3$；

(5) $C_{3^3}\times C_{3^2}$；

(6) $C_{3^4}\times C_3$；

(7) C_{3^5}；

(8) $\langle a,b,c\mid a^{3^3}=c^3=b^3=1,[b,a]=1,[c,a]=a^{3^2},[b,c]=1\rangle$；

(9) $\langle a,b,c\mid a^{3^2}=c^3=b^{3^2}=1,[b,a]=a^3,[c,a]=[b,c]=1\rangle$；

(10) $\langle a,b,c\mid a^{3^2}=b^{3^2}=c^3=1,[b,a]=[c,a]=1,[b,c]=b^3\rangle$；

(11) $\langle a,b,c,d\mid a^{3^2}=b^3=c^3=d^3=1,[b,a]=[c,a]=[c,b]=[d,b]=[d,c]=1,$ $[d,a]=a^3\rangle$；

(12) $\langle a,b,c,d\mid a^{3^2}=b^3=c^3=d^3=1,[b,a]=[c,a]=[c,b]=[d,a]=[d,c]=1,$ $[d,b]=a^3\rangle$；

(13) $\langle a,b,c,d\mid a^{3^2}=b^3=c^3=d^3=1,[b,a]=d,[c,a]=[c,b]=[d,a]=[d,$ $b]=[d,c]=1\rangle$；

(14) $\langle a,b,c,d\mid a^{3^2}=b^3=c^3=d^3=1,[b,a]=[c,a]=1,[c,b]=d,[d,a]=$ $[d,b]=[d,c]=1\rangle$；

(15) $G=\langle a,b,c,d,e\rangle=\langle c,d\rangle\times\langle a,b,e\rangle$，这里 $\langle c,d\rangle\cong C_3\times C_3$ 和 $\langle a,b,e\mid a^3=b^3=e^3=1,[b,a]=e\rangle$ 为 3^3 阶非交换群，且方次数为 3；

(16) $\langle a,b\mid a^{3^4}=1,b^3=1,[b,a]=a^{3^3}\rangle$；

(17) $\langle a,b\mid a^{3^3}=1,b^{3^2}=1,[b,a]=a^{3^2}\rangle$；

(18) $\langle a,b\mid a^{3^3}=1,b^{3^2}=1,[b,a]=a^3\rangle$；

(19) $\langle a,b,c\mid a^{3^3}=b^3=c^3=1,[b,a]=[c,a]=1,[b,c]=a^{3^2}\rangle$；

(20) $\langle a,b,c\mid a^{3^3}=b^3=c^3=1,[b,a]=c,[c,a]=[c,b]=1\rangle$；

(21) $\langle a,b,c\mid a^{3^2}=b^{3^2}=c^3=1,[b,a]=[c,a]=1,[c,b]=a^3\rangle$；

(22) $\langle a,b,c\mid a^{3^2}=b^{3^2}=c^3=1,[b,a]=c,[c,a]=[c,b]=1\rangle$；

(23) $\langle a,b,c,d \mid a^{3^2}=b^3=c^3=d^3=1,[a,b]=a^3,[a,c]=b,[b,c]=1,[d,a]=[d,b]=[d,c]=1\rangle$;

(24) $\langle a,b,c,d \mid a^{3^2}=b^3=1,c^3=a^{\alpha 3},[a,b]=a^3,[a,c]=b,[b,c]=1,[d,a]=[d,b]=[d,c]=1\rangle,(i=1$ 或 $\alpha)$，这里 α 为模 3 非二次剩余；

(25) $G=\langle a,b,c,d,e\rangle=\langle c\rangle\times\langle a,b,d,e\rangle$,这里$\langle c\rangle\cong C_3$ 且$\langle a,b,d,e\rangle$ 有以下定义关系：$a^3=b^3=d^3=e^3=1,[b,a]=d,[d,a]=e,[d,b]=[e,a]=[e,b]=[e,d]=1$;

(26) $\langle a,b,c \mid a^{3^3}=c^3=1,[b,a]=c,[c,a]=a^{3^2}=b^{-3},[c,b]=1\rangle$;

(27) $\langle a,b,c \mid a^{3^3}=b^3=c^3=1,[a,b]=c,[c,a]=1,[c,b]=a^{i3^2}\rangle,(i=1$ 或 $\nu)$，这里 ν 为模 3 非二次剩余；

(28) $\langle a,b,c \mid a^{3^2}=b^{3^2}=c^3=1,[a,b]=c,[c,a]=1,[c,b]=b^3\rangle$;

(29) $\langle a,b,c,d \mid a^{3^2}=b^3=c^3=d^3=1,[b,a]=c,[c,a]=d,[c,b]=[d,a]=[d,b]=[d,c]=1\rangle$,或$\langle a,b,c,d \mid a^{3^2}=c^3=d^3=1,b^3=d,[b,a]=c,[c,a]=d,[c,b]=[d,a]=[d,b]=[d,c]=1\rangle$;

(30) $\langle a,b,c,d,e \mid c^3=d^3=e^3=1,a^3=e,b^3=e^{-1},[b,c]=d,[d,c]=e,[c,a]=1,[b,a]=1,[d,a]=1,[d,b]=1\rangle$;

(31) $\langle a,b,c,d \mid a^{3^2}=c^3=d^3=1,b^3=d^{-1},[b,a]=c,[c,a]=d,[d,a]=[d,b]=[c,b]=[c,d]=1\rangle$;

(32) $\langle a,b,c,d \mid a^{3^2}=b^3=c^3=d^3=1,[a,b]=c,[c,a]=1,[c,b]=d,[d,a]=[d,b]=1\rangle$;

(33) $\langle a,b,c \mid a^{3^2}=b^{3^2}=c^3=1,[b,a]=b^3,[b,c]=1,[c,a]=a^3\rangle$;

(34) $\langle a,b,c \mid a^{3^2}=b^{3^2}=c^3=1,[b,a]=a^3,[b,c]=1,[c,a]=b^3\rangle$;

(35) $\langle a,b,c \mid a^{3^2}=b^{3^2}=c^3=1,[b,a]=1,[a,c]=a^3,[b,c]=b^3\rangle$;

(36) $\langle a,b,c \mid a^{3^2}=b^{3^2}=c^3=1,[b,a]=1,[a,c]=a^{-3},[b,c]=b^3\rangle$;

(37) $\langle a,b,c \mid a^{3^2}=b^{3^2}=c^3=1,[b,a]=1,[a,c]=a^3b^3,[b,c]=a^{-3}\rangle$;

(38) $\langle a,b,c \mid a^{3^2}=b^{3^2}=c^3=1,[b,a]=1,[a,c]=b^{-3},[b,c]=a^3\rangle$;

(39) $\langle a,b,c \mid a^{3^2}=b^{3^2}=c^3=1,[b,a]=1,[a,c]=a^{-3}b^3,[b,c]=a^3\rangle$;

(40) $\langle a,b,c,d \mid a^{3^2}=b^3=c^3=d^3=1,[b,a]=a^3,[c,a]=d,[c,b]=1,[d,a]=[d,b]=[d,c]=1\rangle$;

(41) $\langle a,b,c,d \mid a^{3^2}=b^3=c^3=d^3=1,[b,a]=1,[b,c]=d,[a,c]=a^3,[d,a]=[d,b]=[d,c]=1\rangle$;

(42) $\langle a,b,c,d \mid a^{3^2}=b^3=c^3=d^3=1,[b,a]=1,[b,c]=a^3,[a,c]=d,[d,a]=[d,b]=[d,c]=1\rangle$;

(43) $G=\langle a,b,c,d,e \mid a^3=b^3=c^3=d^3=e^3=1,[b,a]=d,[c,a]=e,[c,b]=[d,a]=[d,b]=[d,c]=[e,d]=[e,a]=[e,b]=[e,c]=1\rangle$；

(44) $\langle a,b,c,d \mid a^{3^2}=b^3=c^3=d^3=1,[b,a]=[c,a]=1,[a,d]=[b,c]=a^3,[d,b]=[d,c]=1\rangle$；

(45) $G=\langle a,b,c,d,e \mid a^3=b^3=c^3=d^3=e^3=1,[b,a]=[d,c]=e,[c,a]=[c,b]=[e,c]=[d,a]=[d,b]=[e,d]=[e,a]=[e,b]=1\rangle$为超特殊3群，且同构于$\langle a,b\rangle * \langle c,d\rangle$；

(46) $\langle a,b,c \mid a^{3^2}=b^{3^2}=c^3=1,[b,a]=c,[c,a]=a^3,[c,b]=b^3\rangle$；

(47) $\langle a,b,c \mid a^{3^2}=b^{3^2}=c^3=1,[b,a]=c,[c,a]=a^3,[c,b]=b^{-3}\rangle$；

(48) $\langle a,b,c \mid a^{3^2}=b^{3^2}=c^3=1,[b,a]=c,[c,a]=b^{-3},[c,b]=a^3b^3\rangle$，或$\langle a,b,c \mid a^{3^2}=b^{3^2}=c^3=1,[b,a]=c,[c,a]=b^3,[c,b]=a^{-3}b^3\rangle$；

(49) $\langle a,b,c \mid a^{3^2}=b^{3^2}=c^3=1,[b,a]=c,[c,a]=b^3,[c,b]=a^{-3}\rangle$；

(50) $\langle a,b,c \mid a^{3^2}=b^{3^2}=c^3=1,[b,a]=c,[c,a]=b^3,[c,b]=a^3b^{-3}\rangle$；

(51) $G=\langle a,b,c,d,e \mid a^3=b^3=c^3=d^3=e^3=1,[b,a]=c,[c,a]=d,[c,b]=e,[d,a]=[d,b]=[d,c]=[e,d]=[e,a]=[e,b]=[e,c]=1\rangle$；

(52) $\langle a,b,c,d \mid c^3=d^3=e^3=1,a^3=e,b^3=e^{-1},[b,a]=d,[d,a]=e=[b,c],[c,a]=[c,e]=[d,e]=[d,b]=[d,c]=1\rangle$；

(53) $\langle a,b,c,d,e \mid a^3=b^3=c^3=d^3=e^3=1,[b,a]=c,[c,a]=d,[b,e]=d,[b,c]=[d,a]=[d,b]=[d,c]=[d,e]=[e,a]=[e,c]=[e,d]=1\rangle$，或$\langle a,b,c,d,e \mid a^3=c^3=d^3=e^3=1,b^3=d,[b,a]=c,[c,a]=d,[b,e]=d,[b,c]=[d,a]=[d,b]=[d,c]=[d,e]=[e,a]=[e,c]=[e,d]=1\rangle$；

(54) $\langle a,b,c,d,e \mid e^3=b^3=c^3=d^3=1,a^3=e,c^3=e^{-1},[c,b]=d,[d,b]=e,[c,a]=e,[d,c]=[b,a]=1\rangle$；

(55) $G=\langle a,b,c,d,e \mid a^3=c^3=d^3=e^3=1,b^3=e^{-1},[b,a]=d,[d,a]=[b,c]=e,[d,b]=[c,a]=[d,c]=[e,a]=[e,c]=[e,d]=1\rangle$；

(56) $\langle a,b \mid a^{3^3}=1,b^{3^2}=1,[a,b]=a^3\rangle$；

(57) $\langle a,b,c,d,e \mid e^3=d^3=1,a^3=e,b^3=d^{-1}e,c^3=e^{-1},[b,a]=c,[c,a]=d,[c,b]=1,[d,a]=e,[d,b]=[d,c]=[e,d]=1\rangle$；

(58) $\langle a,b,c,d,e \mid a^3=d^3=e^3=1,b^3=d^{-1},c^3=e^{-1},[b,a]=c,[c,a]=d,[c,b]=1,[d,a]=e,[d,c]=[d,b]=[e,a]=[e,b]=[e,d]=1\rangle$；

(59) $G=\langle a,b,c,d,e \mid a^3=d^3=e^3=1,b^3=d^{-1}e,c^3=e^{-1},[b,a]=c,[c,a]=d,[d,a]=e,[c,b]=[d,b]=[d,c]=[e,a]=[e,d]=1\rangle$；

(60) $\langle a,b,c,d,e \mid e^3=d^3=1,a^3=e,b^3=d^{-1},c^3=e^{-1},[b,a]=c,[c,a]=d,$

$[c,b]=[d,a]=e,[c,d]=[d,b]=[e,b]=[e,d]=1\rangle$，或$\langle a,b,c,d,e \mid e^3=d^3=1,a^3=e^{-1},b^3=d^{-1},c^3=e^{-1},[b,a]=c,[c,a]=d,[c,b]=[d,a]=e,[c,d]=[d,b]=[e,b]=[e,d]=1\rangle$.

(61) $G=\langle a,b,c,d,e \mid a^3=d^3=e^3=1,b^3=d^{-1},c^3=e^{-1},[b,a]=c,[c,a]=d,[c,b]=[d,a]=e,[c,d]=[d,b]=[e,a]=[e,b]=[e,d]=1\rangle$.

附录D　$p^5(p\geqslant 5)$阶群的分类

设G是p^5阶群，则G的型不变量为：(i)(5)，(ii)(4,1)，(iii)(3,2)，(iv)(3,1,1)，(v)(2,2,1)，(vi)(2,1,1,1)，(vii)(1,1,1,1,1).

对于(i)，有

(1) $\langle a \mid a^{p^5}=1\rangle\cong C_{p^5}$.

对于(ii)和(iii)，G为亚循环群，且同构于以下群之一：

(2) $\langle a,b \mid a^{p^3}=1,a^b=a^{1+p^2},b^{p^2}=a^{p^2}\rangle$；

(3) $\langle a,b \mid b^{p^3}=1,a^{p^2}=1,a^b=a\rangle\cong C_{p^2}\times C_{p^3}$；

(4) $\langle a,b \mid b^{p^3}=1,a^{p^2}=1,a^b=a^{1+p}\rangle$；

(5) $\langle a,b \mid a^{p^3}=1,a^b=a^{1+p},b^{p^2}=a^{p^2}\rangle$；

(6) $\langle a,b \mid a^{p^2}=1,a^b=a^{1+p},b^{p^3}=a^p\rangle$；

(7) $\langle a,b \mid b^{p^4}=1,a^p=1,a^b=a\rangle\cong C_p\times C_{p^4}$.

对于(iv)，G同构于以下群之一：

(8) $\langle a,b,c \mid a^{p^3}=c^p=b^p=1,[b,a]=c,[c,a]=[c,b]=1\rangle(d(G)=2)$；

(9) $\langle a,b,c \mid a^{p^3}=c^p=b^p=1,[b,a]=c,[b,c]=1,[c,a]=a^{p^2}\rangle(d(G)=2)$；

(10) $\langle a,b,c \mid a^{p^3}=c^p=b^p=1,[b,a]=c,[a,c]=1,[c,b]=a^{p^2}\rangle(d(G)=2)$；

(11) $\langle a,b,c \mid a^{p^3}=b^p=c^p=1,[b,a]=c,[a,c]=1,[c,b]=a^{\nu p^2}\rangle$，这里$\nu$为模$p$非二次剩余$(d(G)=2)$；

(12) $C_{p^3}\times C_p\times C_p(d(G)=3)$；

(13) $\langle a,b,c \mid a^{p^3}=b^p=c^p=1,[c,a]=[b,a]=1,[b,c]=a^{p^2}\rangle(d(G)=3)$；

(14) $\langle a,b,c \mid a^{p^3}=b^p=c^p=1,[b,a]=1,[c,a]=a^{p^2},[b,c]=1\rangle(d(G)=3)$.

对于(v)，G同构于以下群之一：

(15) $\langle a,b,c \mid a^{p^2}=b^{p^2}=c^p=1,[b,a]=c,[c,b]=[c,a]=1\rangle(d(G)=2)$；

(16) $\langle a,b,c \mid a^{p^2}=b^{p^2}=c^p=1,[b,a]=c,[a,c]=1,[c,b]=b^p\rangle(d(G)=2)$；

(17) $\langle a,b,c \mid a^{p^2}=b^{p^2}=c^p=1,[b,a]=c,[a,c]=1,[c,b]=a^p\rangle(d(G)=2)$；

(18) $\langle a,b,c \mid a^{p^2}=b^{p^2}=c^p=1,[b,a]=c,[c,b]=b^p,[c,a]=a^p\rangle(d(G)=2)$；

(19) $\langle a,b,c \mid a^{p^2}=b^{p^2}=c^p=1,[b,a]=c,[a,c]=1,[c,b]=a^{\nu p}\rangle$，这里$\nu$为模$p$非二次剩余$(d(G)=2)$；

(20) $\langle a,b,c \mid a^{p^2}=b^{p^2}=c^p=1,[b,a]=c,[c,b]=a^pb^{hp},[c,a]=b^{-p}\rangle$，$h=0,1,\cdots,\frac{p-1}{2}$ $\left(d(G)=2,\frac{p+1}{2}\text{ 个群}\right)$；

(21) $\langle a,b,c \mid a^{p^2}=b^{p^2}=c^p=1,[b,a]=c,[c,b]=a^{yp}b^{2yp},[c,a]=b^{-yp}\rangle$，这里 y 为模 p 非二次剩余$(d(G)=2)$；

(22) $\langle a,b,c \mid a^{p^2}=b^{p^2}=c^p=1,[b,a]=c,[c,b]=a^{yp}b^{hp},[c,a]=b^{-p}\rangle$，这里 y 为模 p 非二次剩余，$h=0,1,\cdots,\frac{p-1}{2}$ $\left(d(G)=2,\frac{p+1}{2}\text{个群}\right)$；

(23) $C_{p^2}\times C_{p^2}\times C_p(d(G)=3)$；

(24) $\langle a,b,c \mid a^{p^2}=b^{p^2}=c^p=1,[b,a]=[a,c]=1,[b,c]=a^p\rangle(d(G)=3)$；

(25) $\langle a,b,c \mid a^{p^2}=b^{p^2}=c^p=1,[b,a]=[a,c]=1,[b,c]=b^p\rangle(d(G)=3)$；

(26) $\langle a,b,c \mid a^{p^2}=b^{p^2}=c^p=1,[c,a]=a^p,[b,a]=1,[b,c]=b^{-p}\rangle(d(G)=3)$；

(27) $\langle a,b,c \mid a^{p^2}=b^{p^2}=c^p=1,[b,a]=a^p,[a,c]=[b,c]=1\rangle(d(G)=3)$；

(28) $\langle a,b,c \mid a^{p^2}=b^{p^2}=c^p=1,[a,b]=1,[b,c]=a^pb^{hp},[c,a]=b^p\rangle$，这里$h=0,1,\cdots,\frac{p-1}{2}$ $\left(d(G)=3,\frac{p+1}{2}\text{ 个群}\right)$；

(29) $\langle a,b,c \mid a^{p^2}=b^{p^2}=c^p=1,[a,b]=1,[b,c]=a^pb^{hp},[c,a]=b^{\nu p}\rangle$，这里 $h=0,1,\cdots,\frac{p-1}{2}$，$\nu$ 为模 p 非二次剩余$\left(d(G)=3,\frac{p+1}{2}\text{个群}\right)$；

(30) $\langle a,b,c \mid a^{p^2}=b^{p^2}=c^p=1,[b,a]=b^p,[c,b]=1,[c,a]=a^p\rangle(d(G)=3)$；

(31) $\langle a,b,c \mid a^{p^2}=b^{p^2}=c^p=1,[b,a]=a^p,[c,b]=1,[c,a]=b^p\rangle(d(G)=3)$.

对于(vi)，有

设 $d(G)=2$，则 G 同构于以下群之一：

(32) $\langle a,b,c,d \mid a^{p^2}=b^p=c^p=d^p=1,[b,a]=c,[c,b]=d,[a,c]=1,[d,a]=[d,b]=1\rangle$，$(|G'|=p^2,c(G)=3)$.

(33) $\langle a,b,c,d \mid a^{p^2}=b^p=c^p=d^p=1,[b,a]=c,[c,a]=d,[b,c]=1,[d,a]=[d,b]=1\rangle$，$(|G'|=p^2,c(G)=3)$.

(34) $\langle a,b,c,d \mid a^{p^2}=b^p=c^p=d^p=1,[b,a]=c,[c,b]=a^{ip},[c,a]=d,[d,a]=[d,b]=1\rangle(i=1\text{ 或 }\nu)$，这里 ν 为模 p 非二次剩余，(2 个群)，$(|G'|=p^3,c(G)=3)$.

(35) $\langle a,b,c,d \mid a^{p^2}=b^p=c^p=d^p=1,[b,a]=c,[c,b]=d,[c,a]=a^p,[a,d]=[d,b]=1\rangle$，$(|G'|=p^3,c(G)=3)$.

(36) 若 $p\equiv3(\mathrm{mod}\ 4)$，$\langle a,b,c,d \mid a^{p^2}=b^p=c^p=d^p=1,[b,a]=c,[c,b]=a^{ip},[c,a]=d,[d,a]=a^p,[d,b]=1\rangle(i=0,1\text{ 或 }\nu)$，其中 ν 为模 p 非二次剩余，(3

个群)；

若 $p\equiv1(\bmod 4)$，$\langle a,b,c,d\mid a^{p^2}=b^p=c^p=d^p=1,[b,a]=c,[c,b]=a^{ip},[c,a]=d,[d,a]=a^p,[d,b]=1\rangle(i=0,1,\nu,\mu$ 或 $\rho)$；这里 $1,\nu,\mu$ 和 ρ 为 $\mathbb{Z}_p^*$ 中的四次幂组成的子群F 的陪集代表元(5 个群)，$(|G'|=p^3,c(G)=4)$.

(37) 若 $p\equiv2(\bmod 3)$，$\langle a,b,c,d\mid a^{p^2}=b^p=c^p=d^p=1,[b,a]=c,[c,a]=a^{kp},[c,b]=d,[a,d]=1,[d,b]=a^p\rangle(k=0$ 或 $1)$，(2 个群)；

若 $p\equiv1(\bmod 3)$，$\langle a,b,c,d\mid a^{p^2}=b^p=c^p=d^p=1,[b,a]=c,[c,a]=a^{kp},[c,b]=d,[d,b]=a^{ip},[a,d]=1\rangle(k=0$ 或 $1;i=1,\mu$ 或 $\nu)$，这里 $1,\mu$ 和 ν 为 $\mathbb{Z}_p^*$ 中的三次幂组成的子群T 的陪集代表元(6 个群)，$(|G'|=p^3,c(G)=4)$.

有 $6+\gcd(p-1,4)+2\gcd(p-1,3)$ 个互不同构的群.

设 $d(G)=3$，则 G 同构于以下群之一：

(38) $\langle a,b,c,d\mid a^{p^2}=b^p=c^p=d^p=1,[b,a]=d,[c,a]=[b,c]=1,[d,a]=[d,c]=[d,b]=1\rangle$，$(|G'|=p,c(G)=2)$；

(39) $\langle a,b,c,d\mid a^{p^2}=b^p=c^p=d^p=1,[a,b]=[a,c]=1,[c,b]=d,[d,a]=[d,b]=[d,c]=1\rangle$，$(|G'|=p,c(G)=2)$；

(40) $\langle a,b,c,d\mid a^{p^2}=b^p=c^p=d^p=1,[b,a]=a^p,[b,c]=1,[c,a]=d,[d,a]=[d,b]=[d,c]=1\rangle$，$(|G'|=p^2,c(G)=2)$；

(41) $\langle a,b,c,d\mid a^{p^2}=b^p=c^p=d^p=1,[a,b]=1,[c,a]=a^p,[c,b]=d,[d,a]=[d,b]=[d,c]=1\rangle$，$(|G'|=p^2,c(G)=2)$；

(42) $\langle a,b,c,d\mid a^{p^2}=b^p=c^p=d^p=1,[a,b]=1,[c,a]=d,[c,b]=a^p,[d,a]=[d,b]=[d,c]=1\rangle$，$(|G'|=p^2,c(G)=2)$；

(43) $\langle a,b,c,d\mid a^{p^2}=b^p=c^p=d^p=1,[b,a]=1,[c,b]=d,[a,c]=1,[a,d]=1,[d,b]=1,[d,c]=a^p\rangle$；

(44) $\langle a,b,c,d\mid a^{p^2}=b^p=c^p=d^p=1,[b,a]=1,[c,b]=d,[c,a]=a^p,[a,d]=1,[d,b]=a^p,[d,c]=1\rangle$.

(45) $\langle a,b,c,d\mid a^{p^2}=b^p=c^p=d^p=1,[b,a]=d,[c,b]=[a,c]=1,[d,b]=a^{ip},[d,a]=1,[d,c]=1\rangle$，$(i=1$ 或 $\nu)$，这里 ν 为模 p 非二次剩余，(2 个群)，$(|G'|=p^2,c(G)=3)$；

(46) $\langle a,b,c,d\mid a^{p^2}=b^p=c^p=d^p=1,[b,a]=d,[c,b]=1,[c,a]=a^p,[a,d]=1,[d,b]=a^{ip},[d,c]=1\rangle$，$(i=1$ 或 $\nu)$，这里 ν 为模 p 非二次剩余，(2 个群)，$(|G'|=p^2,c(G)=3)$；

(47) $\langle a,b,c,d\mid a^{p^2}=b^p=c^p=d^p=1,[b,a]=d,[a,c]=1,[c,b]=1,[d,a]=a^p,[d,b]=[d,c]=1\rangle$；

(48) $\langle a,b,c,d \mid a^{p^2}=b^p=c^p=d^p=1,[b,a]=d,[c,b]=a^p,[a,c]=1,[d,a]=a^p,[d,b]=[d,c]=1\rangle$.

有 13 个互不同构的群.

设 $d(G)=4$,则 G 同构于以下群之一：

(49) $C_{p^2}\times C_p\times C_p\times C_p$,$(G'=1)$；

(50) $\langle a,b,c,d \mid a^{p^2}=b^p=c^p=d^p=1,[b,a]=[c,a]=[c,b]=1,[d,a]=[d,c]=1,[d,b]=a^p\rangle$,$(|G'|=p,c(G)=2)$；

(51) $\langle a,b,c,d \mid a^{p^2}=b^p=c^p=d^p=1,[b,a]=[a,c]=[c,b]=1,[d,b]=[d,c]=1,[d,a]=a^p\rangle$,$(|G'|=p,c(G)=2)$；

(52) $\langle a,b,c,d \mid a^{p^2}=b^p=c^p=d^p=1,[a,b]=[a,c]=1,[d,a]=[b,c]=a^p,[d,b]=[d,c]=1\rangle$,$(|G'|=p,c(G)=2)$.

有 4 个互不同构的群.

对于(vii),有

设 G 为正则 p 群,且 e-型不变量为(1,1,1,1,1).则 G 同构于以下群之一：

$d(G)=5$：

(53) G 为 p^5 阶初等交换群.

$d(G)=4$：

(54) $G=\langle a,b,c,d,e\rangle=\langle c,d\rangle\times\langle a,b,e\rangle$,这里 $\langle c,d\rangle\cong C_p\times C_p$ 和 $\langle a,b,e \mid a^p=b^p=e^p=1,[b,a]=e\rangle$ 为 p^3 阶非交换群,且方次数为 p；

(55) $G=\langle a,b,c,d,e \mid a^p=b^p=c^p=d^p=e^p=1,[b,a]=[d,c]=e,[c,a]=[c,b]=1,[e,c]=1,[d,a]=[d,b]=[e,d]=[e,a]=[e,b]=1\rangle$ 为超特殊 p 群,且同构于 $\langle a,b\rangle * \langle c,d\rangle$.

$d(G)=3$：

(56) $G=\langle a,b,c,d,e \mid a^p=b^p=c^p=d^p=e^p=1,[b,a]=d,[c,a]=e,[c,b]=[d,a]=1,[d,b]=[d,c]=1,[e,d]=[e,a]=[e,b]=[e,c]=1\rangle$,$(c(G)=2)$；

(57) $G=\langle a,b,c,d,e\rangle=\langle c\rangle\times\langle a,b,d,e\rangle$,这里 $\langle c\rangle\cong C_p$ 且 $\langle a,b,d,e\rangle$ 有以下定义关系：$a^p=b^p=d^p=e^p=1,[b,a]=d,[d,a]=e,[d,b]=1,[e,a]=[e,b]=[e,d]=1$,$(c(G)=3)$；

(58) $G=\langle a,b,c,d,e \mid a^p=b^p=c^p=d^p=e^p=1,[b,a]=d,[d,a]=[c,b]=e,[d,b]=1,[c,a]=[d,c]=1,[e,a]=[e,b]=[e,c]=[e,d]=1\rangle$,$(c(G)=3)$.

$d(G)=2$：

(59) $G=\langle a,b,c,d,e \mid a^p=b^p=c^p=d^p=e^p=1,[b,a]=c,[c,a]=d,[c,b]=e,[d,a]=[d,b]=[d,c]=1,[e,d]=[e,a]=[e,b]=[e,c]=1\rangle$,$(c(G)=3)$；

(60) $G=\langle a,b,c,d,e\mid a^p=b^p=c^p=d^p=e^p=1,[b,a]=c,[c,a]=d,[d,a]=e,[c,b]=[d,b]=[d,c]=1,[e,a]=[e,b]=[e,c]=[e,d]=1\rangle,(c(G)=4)$;

(61) $G=\langle a,b,c,d,e\mid a^p=b^p=c^p=d^p=e^p=1,[b,a]=c,[c,a]=d,[c,b]=[d,a]=e,[c,d]=[d,b]=1,[e,a]=[e,b]=[e,c]=[e,d]=1\rangle,(c(G)=4)$.

附录E M_2 的2群分类

设 G 是有限非交换2群，则 G 含有二元生成的交换极大子群当且仅当 G 是下列互不同构的群之一。下列群若无特别说明，均满足 $m\geqslant 3$.

一、$d(G)=2$

1. $n\geqslant m$：

(1) $G=\langle b,c \mid a^{2^n}=b^2=1,a^b=a,a^c=a,b^c=a^{2^{n-1}}b,c^2=a\rangle,n\geqslant 2$；

(2) $G=\langle b,c \mid a^{2^n}=b^{2^m}=1,a^b=a,a^c=a,b^c=b^{-1},c^2=a\rangle,m\geqslant 2$；

(3) $G=\langle a,c \mid a^{2^n}=b^{2^m}=1,a^b=a,a^c=a^{-1+2^{n-1}},b^c=b,c^2=b\rangle,m\geqslant 1,n\geqslant 3$；

(4) $G=\langle a,c \mid a^{2^n}=b^{2^m}=1,a^b=a,a^c=a^{1+2^{n-1}},b^c=b,c^2=b\rangle,m\geqslant 1,n\geqslant 3$.

2. $n-m\geqslant 2$：

(5) $G=\langle a,c \mid a^{2^n}=b^{2^m}=1,a^b=a,a^c=a^{-1},b^c=a^{2^{n-m}}b,c^2=a^{2^{n-m-1}}b\rangle,m\geqslant 1$；

(6) $G=\langle a,c \mid a^{2^n}=b^{2^m}=1,a^b=a,a^c=a^{-1}b,b^c=b,c^2=1\rangle,m\geqslant 1$；

(7) $G=\langle a,c \mid a^{2^n}=b^{2^m}=1,a^b=a,a^c=a^{-1}b,b^c=b,c^2=a^{2^{n-1}}\rangle,m\geqslant 1$.

3. $n-m\geqslant 3$：

(8) $G=\langle a,c \mid a^{2^n}=b^{2^m}=1,a^b=a,a^c=a^{2^{n-m-1}-1}b,b^c=a^{2^{n-m}(1-2^{n-m-2})}b^{1-2^{n-m-1}},c^2=a^{2^{n-1}}\rangle,m\geqslant 1$；

(9) $G=\langle a,c \mid a^{2^n}=b^{2^m}=1,a^b=a,a^c=a^{2^{n-m-1}+1}b,b^c=a^{-2^{n-m}(1+2^{n-m-2})}b^{-1-2^{n-m-1}},c^2=a^{2^{m+1}}\rangle,m\geqslant 1$.

4. $n=m$：

(10) $G=\langle a,b,c \mid a^{2^n}=b^{2^m}=1,a^b=a,a^c=b,b^c=a,c^2=ab\rangle,m\geqslant 1$.

5. $n>m$：

(11) $G=\langle b,c \mid a^{2^n}=b^{2^m}=1,a^b=a,a^c=a,b^c=b^{-1+2^{m-1}},c^2=a\rangle$；

(12) $G=\langle a,c \mid a^{2^n}=b^{2^m}=1,a^b=a,a^c=ab^{1+2^{m-1}},b^c=b^{-1},c^2=ab\rangle,m\geqslant 2$；

(13) $G=\langle a,c \mid a^{2^n}=b^{2^m}=1,a^b=a,a^c=ab,b^c=b^{-1},c^2=ab\rangle,m\geqslant 1$；

(14) $G=\langle b,c \mid a^{2^n}=b^{2^m}=1,a^b=a,a^c=a,b^c=a^{2^{n-m}}b^{-1},c^2=a\rangle,m\geqslant 2$；

(15) $G=\langle a,c \mid a^{2^n}=b^{2^m}=1,a^b=a,a^c=a^{-1},b^c=b,c^2=b\rangle,m\geqslant 1$；

(16) $G=\langle a,c \mid a^{2^n}=b^{2^m}=1,a^b=a,a^c=ab^{2^{m-1}},b^c=b,c^2=b\rangle,m\geqslant 2,n-m\geqslant 3$.

二、$d(G)=3$

1. $n\geqslant m$:

(17) $G=\langle a,b,c \mid a^{2^n}=b^{2^m}=1, a^b=a, a^c=a, b^c=a^{2^{n-1}}b, c^2=1\rangle, m=1, n\geqslant 3$ 或 $n\geqslant m\geqslant 2$;

(18) $G=\langle a,b,c \mid a^{2^n}=b^{2^m}=1, a^b=a, a^c=a, b^c=b^{-1}, c^2=1\rangle, m\geqslant 2$;

(19) $G=\langle a,b,c \mid a^{2^n}=b^{2^m}=1, a^b=a, a^c=a, b^c=b^{-1}, c^2=b^{2^{m-1}}\rangle, m\geqslant 2$;

(20) $G=\langle a,b,c \mid a^{2^n}=b^{2^m}=1, a^b=a, a^c=a^{1+2^{n-1}}, b^c=b^{1+2^{m-1}}, c^2=1\rangle$;

(21) $G=\langle a,b,c \mid a^{2^n}=b^{2^m}=1, a^b=a, a^c=a^{1+2^{n-1}}, b^c=b^{-1+2^{m-1}}, c^2=1\rangle$;

(22) $G=\langle a,b,c \mid a^{2^n}=b^{2^m}=1, a^b=a, a^c=a^{1+2^{n-1}}, b^c=b^{-1}, c^2=1\rangle, m\geqslant 2, n\geqslant 3$;

(23) $G=\langle a,b,c \mid a^{2^n}=b^{2^m}=1, a^b=a, a^c=a^{1+2^{n-1}}, b^c=b^{-1}, c^2=b^{2^{m-1}}\rangle, m\geqslant 2, n\geqslant 3$;

(24) $G=\langle a,b,c \mid a^{2^n}=b^{2^m}=1, a^b=a, a^c=a^{-1+2^{n-1}}, b^c=b^{-1+2^{m-1}}, c^2=1\rangle$;

(25) $G=\langle a,b,c \mid a^{2^n}=b^{2^m}=1, a^b=a, a^c=a^{-1+2^{n-1}}, b^c=b, c^2=1\rangle, m\geqslant 1, n\geqslant 3$;

(26) $G=\langle a,b,c \mid a^{2^n}=b^{2^m}=1, a^b=a, a^c=a^{-1}, b^c=a^{2^{n-1}}b^{-1}, c^2=1\rangle, m\geqslant 2$;

(27) $G=\langle a,b,c \mid a^{2^n}=b^{2^m}=1, a^b=a, a^c=a^{-1}, b^c=a^{2^{n-1}}b^{-1}, c^2=b^{2^{m-1}}\rangle, m\geqslant 2$;

(28) $G=\langle a,b,c \mid a^{2^n}=b^{2^m}=1, a^b=a, a^c=a^{-1}b^{2^{m-1}}, b^c=a^{2^{n-1}}b^{-1}, c^2=1\rangle, m\geqslant 2, n\geqslant 3$;

(29) $G=\langle a,b,c \mid a^{2^n}=b^{2^m}=1, a^b=a, a^c=ab^{2^{m-1}}, b^c=a^{2^{n-1}}b^{-1}, c^2=1\rangle, m\geqslant 2, n\geqslant 3$;

(30) $G=\langle a,b,c \mid a^{2^n}=b^{2^m}=1, a^b=a, a^c=a^{1+2^{n-1}}, b^c=b, c^2=1\rangle, m\geqslant 1, n\geqslant 3$;

(31) $G=\langle a,b,c \mid a^{2^n}=b^{2^m}=1, a^b=a, a^c=a^{-1+2^{n-1}}, b^c=b^{-1}, c^2=1\rangle, m\geqslant 2, n\geqslant 3$;

(32) $G=\langle a,b,c \mid a^{2^n}=b^{2^m}=1, a^b=a, a^c=a^{-1+2^{n-1}}, b^c=b^{-1}, c^2=b^{2^{m-1}}\rangle, m\geqslant 2, n\geqslant 3$;

(33) $G=\langle a,b,c \mid a^{2^n}=b^{2^m}=1, a^b=a, a^c=a^{-1}, b^c=b^{-1}, c^2=1\rangle, m\geqslant 2$;

(34) $G=\langle a,b,c \mid a^{2^n}=b^{2^m}=1, a^b=a, a^c=a^{-1}, b^c=b^{-1}, c^2=a^{2^{n-1}}\rangle, m\geqslant 2$.

2. $n-m\geqslant 2$:

(35) $G=\langle a,b,c \mid a^{2^n}=b^{2^m}=1, a^b=a, a^c=a^{-1}, b^c=a^{2^{n-m}}b, c^2=1\rangle, m\geqslant 1$.

3. $n=m$：

(36) $G=\langle a,b,c \mid a^{2^n}=b^{2^m}=1, a^b=a, a^c=a^{2^{n-1}+1}b^{2^{n-1}}, b^c=a^{2^{n-1}}b, c^2=1\rangle$, $m\geqslant 2$;

(37) $G=\langle a,b,c \mid a^{2^n}=b^{2^m}=1, a^b=a, a^c=a^{-1}b^{2^{n-1}}, b^c=a^{2^{n-1}}b^{-1+2^{n-1}}, c^2=1\rangle$.

4. $n>m$：

(38) $G=\langle a,b,c \mid a^{2^n}=b^{2^m}=1, a^b=a, a^c=a^{-1}, b^c=b^{-1}, c^2=b^{2^{m-1}}\rangle$, $m\geqslant 2$;

(39) $G=\langle a,b,c \mid a^{2^n}=b^{2^m}=1, a^b=a, a^c=a^{-1+2^{n-1}}, b^c=b^{1+2^{m-1}}, c^2=1\rangle$;

(40) $G=\langle a,b,c \mid a^{2^n}=b^{2^m}=1, a^b=a, a^c=a^{-1}, b^c=b^{1+2^{m-1}}, c^2=1\rangle$;

(41) $G=\langle a,b,c \mid a^{2^n}=b^{2^m}=1, a^b=a, a^c=a^{-1}, b^c=b^{1+2^{m-1}}, c^2=a^{2^{n-1}}\rangle$;

(42) $G=\langle a,b,c \mid a^{2^n}=b^{2^m}=1, a^b=a, a^c=a^{-1}, b^c=b^{-1+2^{m-1}}, c^2=1\rangle$;

(43) $G=\langle a,b,c \mid a^{2^n}=b^{2^m}=1, a^b=a, a^c=a^{-1}, b^c=b^{-1+2^{m-1}}, c^2=a^{2^{n-1}}\rangle$;

(44) $G=\langle a,b,c \mid a^{2^n}=b^{2^m}=1, a^b=a, a^c=a, b^c=b^{-1+2^{m-1}}, c^2=1\rangle$;

(45) $G=\langle a,b,c \mid a^{2^n}=b^{2^m}=1, a^b=a, a^c=a^{-1}b^{2^{m-1}}, b^c=b^{-1}, c^2=1\rangle$, $m\geqslant 2$;

(46) $G=\langle a,b,c \mid a^{2^n}=b^{2^m}=1, a^b=a, a^c=a^{-1}b^{2^{m-1}}, b^c=b^{-1}, c^2=a^{2^{n-1}}\rangle$, $m\geqslant 2$;

(47) $G=\langle a,b,c \mid a^{2^n}=b^{2^m}=1, a^b=a, a^c=a, b^c=a^{2^{n-m}}b^{-1}, c^2=1\rangle$, $m\geqslant 2$;

(48) $G=\langle a,b,c \mid a^{2^n}=b^{2^m}=1, a^b=a, a^c=ab^{2^{m-1}}, b^c=b, c^2=1\rangle$, $m\geqslant 2$;

(49) $G=\langle a,b,c \mid a^{2^n}=b^{2^m}=1, a^b=a, a^c=a, b^c=b^{1+2^{m-1}}, c^2=1\rangle$;

(50) $G=\langle a,b,c \mid a^{2^n}=b^{2^m}=1, a^b=a, a^c=a^{-1}, b^c=b, c^2=a^{2^{n-1}}\rangle$, $m\geqslant 1$;

(51) $G=\langle a,b,c \mid a^{2^n}=b^{2^m}=1, a^b=a, a^c=a^{-1}, b^c=b, c^2=1\rangle$, $m\geqslant 1$.

参考文献

[1] Newman M F, Xu M Y. Metacyclic groups of prime-power order(Research anoucement)[J]. Adv. in Math., 1988, 17: 106-107.

[2] Newman M F, Xu M Y. Metacyclic groups of prime-power order. preprint, 1987.

[3] Xu M Y, Zhang Q H. Classification of metacyclic 2- groups[J]. Algebra Colluquim., 2006, 13(1): 25-34.

[4] 徐明曜，曲海鹏. 有限 p 群[M]. 北京：北京大学出版社，2010.

[5] 李志秀. 阶为 24 的有限群的分类[J]. 晋中学院学报，2011(3): 11-13.

[6] Baer R. Groups with preassigned central and central quotient group[J]. Trans. Amer. Math. Soc., 1938, 44: 387-412.

[7] Hall P. The classification of prime-power groups[J]. J. Reine Angew. Math, 1940, 182: 130-141.

[8] Hall M, Senior J K. The groups of order $2^n (n\leqslant 6)$[M]. New York: MacMillan, 1964.

[9] Beyl F R, Felgner U, Schmid P. On groups occurring as center factor groups [J]. Journal of algebra, 1979, 61: 161-177.

[10] Beyl F R, Tappe J. Group extensions, Representations, and the Schur multiplicator[R]. Lecture Notes in Math, 958 Berlin-Heidelberg-New York, 1982.

[11] Shahriari S. On normal subgroups of capable groups[J]. Arch. Math., 1987, 48: 193-198.

[12] Heineken H. Nilpotent groups of class two that can appear as central quotient groups[J]. Bend. Sem. Mat. Univ. Padova, 1990, 84: 241-248.

[13] Heineken H, Nikolova D. Class two nilpotent capable groups[J]. Bull. Austral. Math. Soc., 1996, 54: 347-352.

[14] Bacon M R, Kappe L C. The nonabelian tensor square of a 2-generator p-group of class 2[J]. Arch. Math, 1993, 61: 508-516.

[15] Bacon M R, Kappe L C. On capable p-group of nilpotency class two[J]. Illinois Journal of Mathematics, 2003, 47: 49-62.

[16] Magidin A. On the orders of generators of capable p-groups[J]. Bull. Austral. Math. Soc., 2004, 70: 391-395.

[17] Magidin A. Capability of nilpotent products of cyclic groups[J]. J. Goup Theory，2005，8(4)：431-452.
[18] 徐明曜，黄建华，李慧陵，等. 有限群导引：下册[M]. 北京：科学出版社，1999.
[19] 李志秀. p^n ($n\leqslant 4$)阶 capable 群[J]. 数学的实践与认识，2015，45(12)：246-251.
[20] 李志秀. 内亚循环的 capable p 群性质研究[J]. 山东科学，2015，28(5)：77-79.
[21] 李志秀. 特殊的 p^{2m+1} 阶 capable 群性质研究[J]. 晋中学院学报，2015，32(3)：4-5.
[22] Dedekind R. Uber Gruppen，deren samtliche Teiler Normalteiler sind[J]. Math. Ann，1897，48：548-561.
[23] Baer R. Situation der Untergruppen und struktur der Gruppe. S. B. Heidelberg Akad. Mat. Nat，1933，2：15-26.
[24] 李志秀. 一些特殊的 capable 群[J]. 晋中学院学报，2010(3)：27-28.
[25] 李志秀. 亚循环的 capable p 群[J]. 数学的实践与认识，2014，44(22)：232-235.
[26] 陈重穆. 内外-Σ群与极小非Σ群[M]. 重庆：西南师范大学出版社，1988.
[27] 李志秀. 内交换的 capable p 群性质研究[J]. 数学的实践与认识，2016，46(14)：294-296.
[28] Blackburn N. Generalizations of certain elementary theorems on p-groups[J]. Proc. London Math. Soc.，1961，11(3)：1-22.
[29] 徐明曜. 有限群导引：上册[M]. 北京：科学出版社，2007.
[30] James R. The groups of order p^6 ($p\geqslant 3$)[J]. Mathematics of Computation，1980,34(150)：613-637.
[31] 李志秀. 有关 capable 群的一些性质[J]. 山西大同大学学报(自然科学版)，2019，35(6)：30-31.
[32] 李志秀. 一些 capable 3 群[J]. 安徽大学学报(自然科学版)，2020，44(3)：22-24.
[33] 李志秀. 极大类的 capable 3 群[J]. 安徽大学学报(自然科学版)，2021，45(1)：14-16.
[34] 任小娟. C_2I_{n-1} 群的分类[D]. 临汾：山西师范大学，2018.
[35] Zhang Q，Song Q，Xu M. A classification of some regular p-groups and its applications[J]. Since in China：Series A Mathematics，2006，49(3)：

366-386.

[36] 李志秀. 一类 p^5 阶群的 capable 性质[J]. 数学的实践与认识，2021，51(12)：246-251.

[37] 高晋.有二元生成的交换极大子群的有限 2 群的分类[D].临汾：山西师范大学,2012.

[38] 加秀琴.有二元生成的交换极大子群的有限 p 群的分类[D].临汾：山西师范大学,2016.

